建筑工程检测评定及监测预测关键技术系列丛书

钢结构检测与评定技术

路彦兴　庞文忠　赵士永　张作栋 ◎ 编著

中国建材工业出版社

图书在版编目（CIP）数据

钢结构检测与评定技术/路彦兴等编著．--北京：
中国建材工业出版社，2020.5
（建筑工程检测评定及监测预测关键技术系列丛书）
ISBN 978-7-5160-2852-0

Ⅰ.①钢…　Ⅱ.①路…　Ⅲ.①钢结构-检测②钢结构
-评定　Ⅳ.①TU391

中国版本图书馆 CIP 数据核字（2020）第 037713 号

内 容 简 介

　　本书结合钢结构工程质量检测与评定方法的发展现状及前沿技术，对钢结构工程质量检测的类型、内容、抽样方法和结果评定等进行了系统研究和论述。本书主要内容包括：检测前调查和检查的工作内容，钢结构的检测分类、工作程序、内容、检测方法、结论与判断，材料、构件、连接与节点、性能检验，专项检测技术和总体评定方法等；同时，结合工程实例对上述内容一一进行了分析说明，以帮助读者对检测技术和评定方法加深理解。全书内容丰富、逻辑清晰、指导性强，方便读者学习参考。

　　本书适合从事钢结构检测与评定的专业人员使用，也可作为相关专业技术人员的培训教材，还可作为高等院校相关专业师生的科研与教学参考用书。

钢结构检测与评定技术
Gangjiegou Jiance yu Pingding Jishu
路彦兴　庞文忠　赵士永　张作栋　编著

出版发行：中国建材工业出版社
地　　址：北京市海淀区三里河路 1 号
邮　　编：100044
经　　销：全国各地新华书店
印　　刷：北京雁林吉兆印刷有限公司
开　　本：710mm×1000mm　1/16
印　　张：13
字　　数：240 千字
版　　次：2020 年 5 月第 1 版
印　　次：2020 年 5 月第 1 次
定　　价：**68.00 元**

前　　言

党的十九大以来，广大工程技术人员以习近平新时代中国特色社会主义思想为指导，以供给侧结构性改革为主线，以建筑工程质量问题为切入点，逐步完善质量保障体系，提升建筑工程品质总体水平。伴随着我国市场经济的飞速发展，材料科学、计算与设计方法、连接技术、制作与安装技术的进步，钢结构在我国的应用从工业厂房到各类大型公共建筑，从民用建筑到桥梁、塔架、高耸结构等越来越广，各种新型钢结构建（构）筑物越来越多地成为城市标志性建筑。与此同时，许多不同类型、不同原因、不同程度的钢结构工程事故时有发生，特别是一些重大钢结构事故，造成了严重的人员伤亡和经济损失。因此在钢结构建筑的整个寿命周期内，要保证科学、准确地检测评定钢结构建筑的相关性能，保障建筑物整个寿命周期内的安全使用，开展钢结构工程质量检测与评定技术研究具有重要的现实意义。

本书针对钢结构工程质量控制及检测方面的内容进行了全面的介绍，主要内容包括既有钢结构检测评定的基本规定、调查与检查、材料的检测与评定、钢构件的检测与评定、既有钢结构连接与节点检测与评定、结构性能实荷检验与动测、既有钢结构的专项检测、既有钢结构的评定及既有钢结构检测鉴定工程实例等。本书作者长期从事建筑物的检测鉴定、加固、改造等的技术研究和实践工作，在编写本书过程中根据自身实际经验，结合国内外最新检测评定技术，力求全面总结钢结构检测评定方法，并列举大量工程实例。在编写过程中，作者还注重创新性、系统性和实用性，努力做到图文并茂、通俗易懂、便于应用。

本书主要由路彦兴、庞文忠、赵士永、张作栋撰写，参加撰写的人员还包括崔小龙、王庭、张辉艳、张江涛、梁军、李宏伟、庞坤、孙晓凯、尹志东等。由于编写时间仓促，编者学术水平及实践经验有限，且钢结构工程的检测技术发展迅速，书中难免存在不当之处，恳请广大读者批评指正。

编著者
2020 年 1 月

目　　录

第1章 概 论

1.1 钢结构的发展

伴随着我国市场经济的飞速发展，材料科学、计算与设计方法、连接技术、制作与安装技术得到了显著提升并广泛应用到建筑工程。钢结构本身具有良好的延性、变形性、抗震性能和施工速度快等特点，逐渐得到推广。

我国钢产量1996年超过1亿t，2005年达到3.52亿t，2008年达到6亿t，2018年粗钢产量达到了9亿t，稳居世界第一。随着我国钢材产量的增加，钢结构在工业厂房、大型公共建筑和民用建筑中得到大量应用。

1.1.1 钢结构在工业厂房中的应用

钢结构首先大规模应用在工业厂房中。传统工业厂房多为钢筋混凝土结构，不仅施工周期较长，而且施工难度较大。将钢结构应用在工业厂房施工中，可以有效地规避传统工业厂房的施工缺陷，进一步对钢结构工业厂房构件进行优化，实现构件的批量化生产，有效地提高构件安装的便利性，进一步提升施工速度，保证工程质量。钢结构在工业厂房中的应用涉及各类工业厂房，特别是重型厂房。重型厂房是指设有起重量很大（100t以上）或运行频繁（重级工作制）的吊车的厂房，以及直接承受很大振动荷载或受振动荷载影响很大的厂房，如冶炼厂的平炉车间、热轧车间、混铁炉车间，重型机械厂的铸钢车间、锻压车间、水压机车间，造船厂的船体车间，飞机制造厂的装配车间等。

1.1.2 钢结构在大型公共建筑中的应用

目前，国家鼓励推广建筑用钢结构，相应的科研成果广泛应用，设计软件不断开发，设计标准和施工质量验收规范定期修订，钢结构方面的技术规程和设计图集已有近百本。采用新技术、新工法、新设备的施工安装水平逐步提高，已达

1

到国际先进水平，建成了一大批新型的、大型的钢结构公共建筑，如体育场馆、火车站雨篷、会展中心、机场航站楼和高层超高层钢结构等。

1. 体育场馆

2008 年北京奥运会的国家体育场建筑顶面呈鞍形，长轴为 332.3m，短轴为 296.4m，其大跨度屋盖结构采用交叉平面钢桁架体系，支撑在 24 根桁架柱之上，24 根桁架柱与主桁架 + 立面次结构共同形成抗侧力体系。

国家体育馆是一座具有国际先进水平的大型多功能体育馆，由比赛馆、热身馆组成，其比赛馆钢屋盖结构形式采用单曲面双向张弦桁架钢结构，该结构具有用材省、承载力高、结构稳定性好等特点，在国内属首次应用。其上层为正交正放的平面桁架（横向 18 榀，纵向 14 榀），网格间距 8.5m，结构高度为 1.518 ~ 3.973m，下层为钢撑杆及双向预应力空间张拉索网，横向 14 榀，纵向 8 榀带索，横向为双索，纵向为单索，钢索采用挤包双护层大节距扭绞型缆索。桁架通过 6 个三向固定球铰支座和 54 个单向滑动球铰支座支承在周边劲性钢筋混凝土柱顶。国家体育馆钢屋盖典型剖面示意图如图 1-1 所示。

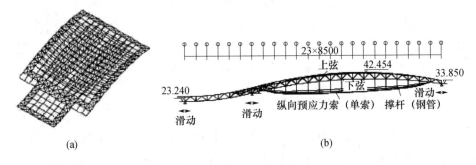

图 1-1　国家体育馆钢屋盖剖面示意图

（a）屋盖钢结构轴测图；（b）屋盖钢结构纵剖图

绵阳九洲体育馆是第十三届世界拳击锦标赛的主场馆，被誉为"西南第一馆"，占地 192.8 亩①，场馆建筑面积 2.4 万 m²，建筑高度 33.7m，观众固定座位 6000 座，在"5·12"汶川大地震中发挥了重要作用。该工程屋盖为斜置柱面形，平面由圆弧线拟合成树叶状，采用四个落地拱架作为主要承重结构，拱架之间设置立体或平面桁架作为次要结构，配以支撑体系，形成体系新颖的空间结构形式。屋盖结构东西宽87m，包括悬挑宽度105m，南北跨度165m，是目前国内跨度最大的拱形体育馆。绵阳九州体育馆屋盖结构的主要受力体系为两个中拱和两个边拱，在四个拱架之间由桁架相连，其中边拱和中拱之间为立体桁架和平面

———————
①　1 亩 = 666.67m²。

2

桁架，中拱之间为下凹的平面桁架。通过研究圆拱、椭圆拱、抛物线拱在不同荷载模式下的力学性能和几何非线性稳定性，工程采用了三段相切的圆弧线作为拱轴线，既能满足建筑造型要求，又能保证结构在弯矩较大处有足够高度，受力比较合理。倒三角形的中拱，拱架跨度 165m，矢高 30.04m，最大截面处高、宽均在 5m 左右，拱架在落地处铰接，为典型的两铰拱，两个中拱在南侧靠支座部位空间相交。倒梯形的边拱，拱架总跨度 165m，在拱脚和跨中各有两个支座，形成跨度分别为 74.25m、16.5m 和 74.25m 的三跨连续拱，拱架最大截面处的上弦宽 5m，高 2.5m，下弦宽 2.5m。中拱和边拱之间用次桁架连接，包括 19 榀倒三角形立体桁架和两榀平面桁架，立体桁架宽 2m 左右，桁架高度为中拱高度的一半，跨度在 24m 左右。中拱之间用 14 榀平面梭形次桁架连接，桁架最大高度2.2m 左右，最大跨度 29m 左右。绵阳九洲体育馆效果图和主桁架示意图如图 1-2 和图 1-3 所示。

图 1-2　绵阳九洲体育馆效果图

　　南京奥体中心是一个体现当代最新的第五代体育建筑设计理念的大型体育建筑群，该工程总体布局合理、流畅，功能齐全，整个中心集比赛、健身、文艺演出、旅游休闲、商业购物为一体。为满足建筑造型和场地工程地质条件，主体育场屋顶结构是由跨越看台上空，跨度为 372.40m、矢高 64m、与水平面倾斜 45°的变截面三角桁架拱及穿越比赛场地的地下连接两拱脚的长 400m 的 8×25 根预应力钢绞线的"弦"组成的世界第一的大双"弓"，与跨越南北面看台前沿上空的跨度为 140m 的悬索状钢管，覆盖整个看台上空的 104 根平行的箱形梁和其间支撑形成的马鞍形壳及箱梁后端的 V 形支撑共同组成的组合空间钢结构体系。因此，整个屋顶结构传力体系复杂，一部分荷载是通过拱传递给基础，另一部分荷载由 V 形支撑通过看台钢筋混凝土框架结构体系传给基础，力的分配因各种荷载组合工况不同而异。"弦"主要是使以摩擦力为主的软弱地基上的桩基础不受拱传来的达 1.3 万 kN 的南北向水平推力，使拱支座没有水平位移产生。

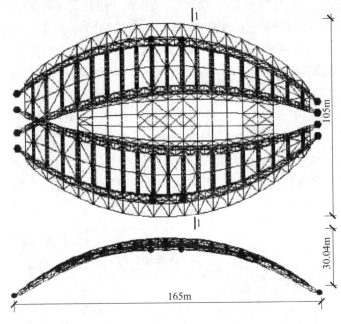

图 1-3　绵阳九洲体育馆主桁架图

天津奥林匹克中心体育场是北京 2008 年第 29 届奥运会比赛场馆之一，以 2008 年北京奥运会的三大理念——"绿色奥运""科技奥运""人文奥运"为主题，成为天津体育活动的中心和基地。该结构的建筑与水体、绿色紧密结合，共同创造出符合人体尺度的宜人的建筑空间。体育场外观造型以具有自然形态的露珠为主题，尽可能做到与天津市优美的自然环境相协调，选取"晶莹露珠"为建筑构思，以金属和玻璃作为建筑皮肤来调整采光面积。建筑底面面积为 80000m²，屋顶面积 76719m²，最高点高度 53.00m，可容纳观众 60000 人（活动座席 20000 人）。屋顶结构采用钢桁架悬挑结构。屋顶桁架选用 V 形平行弦桁架悬挑结构，以表现运动的动感和轻快感。钢结构屋架平面呈扁长椭圆（长轴 471m，短轴 370m），整个平面沿长轴对称，屋面桁架落地。

2. 火车站雨篷

在火车站的应用中，具有代表性的工程有北京站无站台柱雨篷、上海铁路南站、泰州无站台柱雨篷、沈阳北站、济南站和石家庄站等。北京站无站台柱雨篷是全国第一个无站台柱雨篷的实施项目，自 2003 年 7 月开工建设，2004 年 4 月 18 日全国铁路第五次大提速时投入使用，被铁道部领导称为铁路跨越式发展的

"开篇之作"。该项目的实施为此后陆续进行的全国铁路省会级车站无柱雨篷改造提供了可资借鉴的工程范例。北京站雨篷主体结构采用双站台跨越两侧悬挑的钢桁架方案,并首次将雨篷柱设置在线路中间,采用双站台跨越大跨度及长悬挑结构等多项创新设计,实现了包括基本站台在内的所有站台无柱。桁架跨度分别为 41m、46m、41m,两侧各悬挑 20.5m,通过正反弧的交错运用,在满足结构需要的同时,丰富了建筑空间。柱距为 33m,局部 34m,是目前为止国内无柱雨篷采用的最大柱距,如图 1-4 所示。

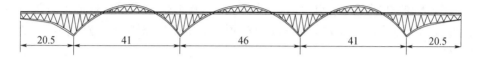

| 20.5 | 41 | 46 | 41 | 20.5 |

图 1-4 北京站无站台柱雨篷桁架示意图(m)

上海铁路南站为新建火车站,有 6 个站台,于 2006 年 7 月 1 日开通运营,车站站台雨篷与圆形主站房交相辉映,以"21 世纪第 1 站"的气魄成为上海市标志性建筑。车站站台雨篷建筑面积 42908m^2,该雨篷设计打破了传统站台的建筑模式,将站台上雨篷立柱移至股道中间,站台上不布设一根雨篷柱,形成宽阔、完整的旅客站台,方便旅客自由流动,同时视线开阔,体现了铁路建设以人为本的设计理念。造型上,雨篷沿横向起拱,整体呈波浪形,既与主站房的圆形屋顶呼应,又使站台和股道空间有了区别,雨篷柱像大树的树干一样将雨篷撑起,受力自然合理。雨篷沿股道方向的长度为 353.5m,其中纵向两段分别为 116.84m 和 236.66m,柱间距 18m,①轴和⑲轴各悬挑 6.6m。站台雨篷主体结构横向 6 连跨跨度分别为 20.8m、20.5m、25.5m、20.5m、20.5m、15.75m,Ⓐ轴外挑 5.4m。纵横向桁架均采用正三角形桁架,其中横向 6 连跨起拱呈曲线形,三角形桁架宽 1.8m,高 1.2m。两桁架之间布设了两榀竖向平面桁架,用以支撑屋面系统,利用隅撑使平面桁架与屋面系统共同作用,大大减轻了结构自重。屋面檩条设计成等高度方钢网格檩条,中间布设交叉斜杆,利用横向弧形拱形成纵向网壳体系,增强结构刚度。上海南站雨篷结构剖面图如图 1-5 所示。

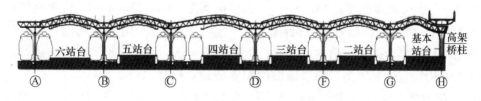

图 1-5 上海南站雨篷结构剖面图

泰州无站台柱雨篷是我国第一个大跨度落地曲线拱形桁架雨篷。该工程位于江苏省泰州市东北宁启铁路线上,覆盖面积43513m²,长度550m,标准柱距27.6m,标准跨度51.7m+17.5m(悬挑)。主体结构为空间倒三角曲线形钢桁架,桁架尾部曲线落地,头部昂首向上扬;中间设钢管组合柱,立于铁路正线和基本站台到发线之间。开敞式建筑的曲线形屋面给建筑增添了特色,同时也给结构设计尤其是主桁架设计增加了难度。标准主桁架立剖面如图1-6所示,其中桁架梁承受的屋面荷载投影宽13.8m,桁架梁宽2.4m,曲屋面顶面标高16.0m。桁架梁材料采用Q345B钢材,因跨度大,倒三角形桁架采用变截面,悬挑端杆件轴线断面尺寸2400mm×900mm,柱顶2400mm×3350mm,跨中梁高渐变成3000mm。

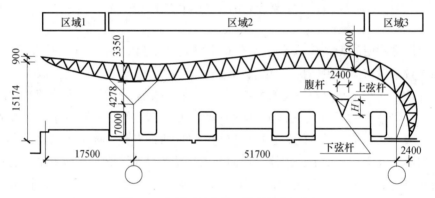

图1-6 泰州无站台柱雨篷结构剖面图

沈阳北站是沈阳市和东北地区最大的铁路交通枢纽,雨篷现状较为陈旧。根据沈阳铁路局的要求,改善和提高客运服务条件,创造沈阳北站外部的良好环境,实现沈阳北站成为"东北第一站"的目标,对沈阳北站进行无站台柱雨篷改造。其总建筑面积57207m²,其中雨篷覆盖面积40596m²。该建筑整体设计轻盈通透,宏伟壮观。该结构平面分为两部分,分别位于高架候车室东西两侧。雨篷由19榀刚架组成,每榀刚架为两跨连续,跨度分别为59.2m+66.5m,外悬挑20.5m。实现南北总覆盖148.2m。刚架纵向间距20m、23m不等。实现高架东侧168m,高架西侧214m全站台覆盖。雨篷的结构体系为单向受力的斜拉索梁体系。刚架由桁架梁、钢柱、拉索、H形实腹檩条、系杆、水平支撑组成。桁架梁采用稳定性好的倒三角形断面的钢管桁架,桁架梁为3.8m等宽、根部高6m、跨中高1.4m,上弦矢高3m,下弦矢高7.6m。沈阳北站雨篷结构剖面图如图1-7所示。

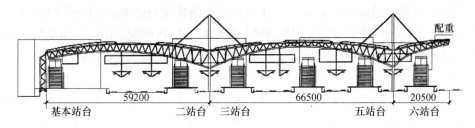

图 1-7 沈阳北站雨篷结构剖面图

济南站位于京沪、胶济两大铁路干线的交会点，为华东地区重要的铁路交通枢纽，客流量很大。为满足全路第 6 次大提速要求，贯彻舒适、快速、以人为本的服务理念，对其进行改建。新建济南站风雨篷工程总建筑面积 41000m²，其中风雨篷覆盖面积 38000m²。设计采用 18 榀南北向刚架作为竖向承载结构，其中水平构件为钢管桁架梁，竖向构件为格构式钢管混凝土柱。每榀刚架均为单跨，其跨度随线路变化为 86~109m 不等，纵向间距高架候车室东西两侧分别为 24m 及 22m。建筑整体设计一跨飞越南北，宏伟壮观，成为济南站乃至周边环境一大景观。本工程水平承载体系按传力层次依次为屋面板、檩条、横向钢梁、纵向次桁架、横向主桁架。横向主桁架采用稳定性好的三角形断面。由于本工程为开敞结构，根据荷载规范及风洞试验结果，风荷载作用于屋面的控制荷载为上吸力，其作用值大于"恒荷载 + 屋面活荷载"，因此确定采用正放三角形断面，经计算，这种断面具有变形较小、杆件连接比较简单、用钢量经济等优势。根据建成及在建各站使用 H 型钢檩条的经验及教训，同时为增加结构空间刚度，减小檩条跨度，本工程采用增加纵向次桁架、横向钢梁，最后再铺檩条的结构方案。纵向次桁架同样采用三角形截面钢管桁架，以主桁架下弦节点为受力点，次桁架间距为主桁架两节间距离，约 8m。主次桁架间除次桁架伸缩缝外均为相贯连接。纵向次桁架平面内平面外刚度较大，为施工吊装创造了较好的条件，也是主桁架间重要的纵向刚性系杆。济南站雨篷结构剖面图如图 1-8 所示。

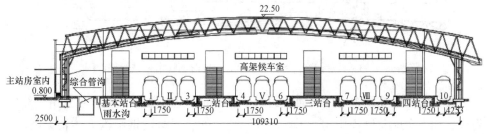

图 1-8 济南站雨篷结构剖面图

2012 年建成的石家庄火车站，其新客站钢结构部分主要为站房及雨篷钢结构两部分，其中站房高架层采用拱形墙钢架结构，站房屋面采用三角形管桁架结构，雨篷为弧形钢管桁架单层网壳结构，该工程总建筑面积为 $107059m^2$。

3. 会展中心

随着我国经济的快速发展，近年来全国各地的贸易数量也在快速增长，大部分地区现有的展览设施已不能满足发展的实际需要，改建或新建展览中心已成为社会发展的一大趋势。

在会展中心的应用中，具有代表性的工程有上海国际汽车会展中心、安徽省国际会展中心、湖南国际会展中心、南京国际展览中心等。

上海国际汽车会展中心的总建筑面积为 $60000m^2$，分为南北展厅及中部会议综合楼三部分。会议综合楼为地面六层、地下两层的高层建筑，高度30m。展厅结构包括南展厅和北展厅，二者基本对称布置在会议综合楼的南北两侧，且与会议综合楼上部结构完全分开，其中南北展厅共 $24000m^2$，为 55m 跨度单层无柱大空间展览中心。为节省用钢量及建筑美观，屋面结构采用变截面鱼腹式三角形单跨钢管桁架，高度 18m，展厅柱距 12m，结构总长约 220m，钢管之间直接相贯焊接，桁架一侧弯曲落地形成三角形钢管格构柱，另一侧采用外斜的单钢管柱支撑，柱底与基础刚接，柱顶与桁架铰接。桁架跨中最大轴线高度 3000mm，上弦平面沿跨度方向在宽度上按梭形变化，中间宽、两端窄。三角形桁架格构柱一侧沿建筑纵向刚度较好，单斜钢柱一侧沿建筑纵向刚度较弱，为使两侧刚度相当，在斜柱顶沿斜柱平面内设置一榀纵向贯通的平面内桁架。上海国际汽车会展中心屋盖三角形钢管桁架结构剖面图如图1-9所示。

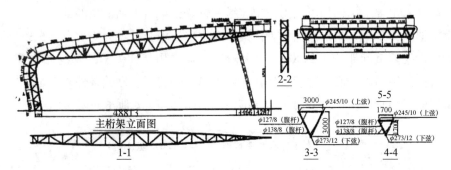

图 1-9 上海国际汽车会展中心屋盖三角形钢管桁架结构剖面图

安徽省国际会展中心建筑面积约 $5.6 \times 10^4 m^2$。该工程建筑功能主要由三部分组成：地下车库及设备用房（$1.6 \times 10^4 m^2$）、单层大跨度钢结构立体桁架展厅、多层大柱网普通钢结构会议中心。该三部分组成整体，地下采用钢筋混凝土梁板柱结构体系；地上两个钢结构展厅跨度分别为66m和51m，其屋盖采用倒梯形主桁架钢结构体系，组合 V 形柱；会议中心为 3 层钢结构框架结构，H 型组合钢梁，钢与混凝土组合楼板，V 形柱。为体现钢结构简洁、明快的特点，展示结构的刚劲有力，该建筑展厅部分的钢结构全部外露。展厅部分的钢构件均采用无缝钢管，管与管连接采用多重相关线连接。展厅屋盖主跨方向采用倒梯形立体桁架，共有 8 榀，中部每榀主桁架间距为 30m，两端主桁架间距为 15m，每榀立体桁架的两个主要跨度分别为 51m 和 66m，即两个主要展厅。立体桁架一端与会议部分钢结构斜柱上部连接，另一端外伸悬挑 12m。倒梯形立体桁架高3m，上端宽 6m，下端宽 1.2m。安徽省国际会展中心展厅屋盖主桁架结构图如图 1-10 所示。

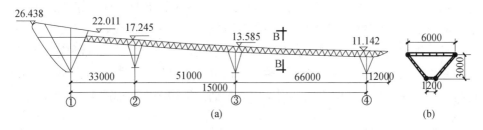

图 1-10　安徽省国际会展中心展厅屋盖主桁架结构图
（a）主桁架立面图；（b）主桁架 B-B 剖面图

湖南国际会展中心集国际大中型展览、影视文化交流、会议等多功能、多空间于一体，其造型独特、新颖，整个建筑气势恢宏，富于变化。该主体结构采用全钢复式框架结构，建筑总长为 232m，宽度为 141m。屋盖大跨度部分采用巨型空间管桁架，其最大跨度为 84m，截面呈三角形或棱形，3500mm（宽）×（3000～9000）mm（高），弦杆钢管的最大截面为 465mm×24mm。单榀空间桁架最长为 165m，空间管桁架与柱采用铰接。湖南国际会展中心主体结构剖面图如图 1-11 所示。

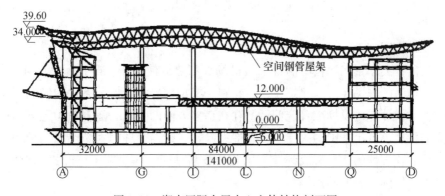

图 1-11　湖南国际会展中心主体结构剖面图

南京国际展览中心是按照当代国际展览功能建设的大型展览场馆，建筑造型优美，配套设施齐全。该工程已于 2000 年 8 月建成，成为古都金陵一道亮丽的风景线。该展览中心的二层展厅是一个长 243m、宽 75m 的无柱大空间。南北两端主入口各有 15m 悬挑，西侧又有 14m 悬挑。为了实现建筑功能要求，经过多方案的比较，最终选定钢管拱架、檩架结构方案。27m×75m 的柱网、27m 跨度的檩架承担檩条、压型钢板轻钢屋面荷载，南北两端檩架各向外悬挑 15m。跨度 75m、上弦半径 125m 的弧形拱架支承檩架，拱架高端悬挑 14m，最终形成结构新颖、气势宏伟的展览大空间。结构布置采取多种措施，以增加屋面的空间刚度，保证传力可靠。拱架的横截面是宽 4.5m、高 5m 的倒三角形，檩架的横截面是宽 4.88m、高 3m 的倒三角形。三角形的每个面又由弦杆、腹杆组成的小三角形构成，拱架、檩架本身既是几何不变的空间结构，刚度也很好，又便于设备管道、马道等在其中穿行。单元划分时，使得拱架与檩架的划分相互呼应。檩架除了上弦借助拱架腹杆拉通、下弦两端悬挑部分拉通以外，均做成与拱架下弦节点连接，以形成大空间。南京国际展览中心屋面钢结构剖面图如图 1-12 所示。

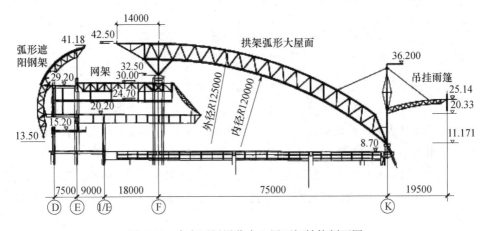

图 1-12　南京国际展览中心屋面钢结构剖面图

4. 机场航站楼

目前，我国正在运营中的各干线机场大都建成使用于二十世纪八九十年代，由于受当时的国民经济、建筑技术、材料、机型配置等各方面条件的制约，这些航站楼的设计与建设标准普遍偏低，存在诸多方面的问题。随着我国经济和民航事业的发展，近年来国内兴建了一批造型新颖、结构合理的大跨空间钢结构航站楼，具有代表性的项目有成都双流国际机场航站楼、西安咸阳国际机场航站楼、北京大兴国际机场航站楼等。

成都双流国际机场航站楼是一个扩建工程，总建筑面积 11 余万平方米。中央大厅屋盖采用单跨 60m 立体桁架结构，其两端悬挑水平距均为 12m（部分 6.8m）。倒置三角形变截面空间管桁架的上下弦杆垂直管心距为 1.3～3.1m，上弦两水平管管心距为 1.4～3.4m。采用了高频焊接矩形方管钢檩条，檩条按压杆设计并与桁架上弦杆焊接，以增强上弦平面的整体性，从而可不设上弦支撑。左右支座标高差达 9.6m，从支座连线上计，桁架起拱矢高超过 6m。支座处还利用檩条作上弦设置了纵向桁架，以保证屋盖的整体稳定。空间桁架上下弦杆、腹杆均采用热轧无缝钢管，主要材料均为国产 Q345C 或 Q235C 钢材。空间桁架及网壳节点采用相贯线钢管直接焊接节点，经试验验证节点承载力满足要求，且网壳节点符合刚接节点的要求。成都双流国际机场航站楼结构剖面图如图 1-13 所示。

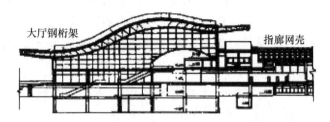

图 1-13 成都双流国际机场航站楼结构剖面图

西安咸阳国际机场航站楼是西安地区对外交流的一个窗口，是西部大开发建设中的一个重点项目，其屋面采用空间管桁结构，桁架采用相贯连接，桁架上弦为空间双向曲线，桁架截面为倒三角形，整跨桁架形状为棱形。其主桁架平面、立面、剖面图如图 1-14 所示。

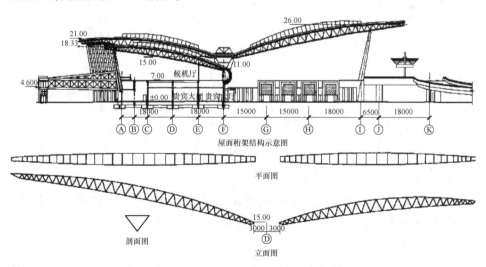

图 1-14 西安咸阳国际机场航站楼主桁架结构示意图

北京大兴国际机场定位为大型国际航空枢纽、国家发展的一个新动力源、支撑雄安新区建设的京津冀区域综合交通枢纽，是京津冀协同发展的点睛之作。该项目于 2014 年 12 月开始动工，2015 年 9 月全面开工，2019 年 9 月 25 日正式投运，航站楼综合体建筑面积为 140 万 m^2。

1.1.3 钢结构在民用建筑中的应用

2013—2016 年，中央先后出台《绿色建筑行动方案》《关于钢铁行业化解过剩产能实现脱困发展的意见》等相关文件及多项配套文件推广钢结构建筑，增加钢结构在公共建筑领域的应用，并要求在地震等自然灾害高发地区推广轻钢结构集成房屋等抗震型建筑。2016 年 6 月 1 日实施的《中国地震动参数区划图》（GB 18306—2015）正式取消了不设防地区，钢结构住宅良好的抗震性能将有更广大的市场。这些政策文件将促进我国住宅钢结构产业化的健康发展。

目前，我国钢结构住宅产业化以企业带动为主，逐步形成了企业独具特色的产业化系统，并有一定数量的工程案例，已形成自主研发成果的企业有杭萧钢构、远大可建和中建钢构。国内钢住宅体系特点见表 1-1。

表 1-1　国内钢住宅体系特点

系统组成		系统				
		多高层住宅体系	钢管束组合结构体系	装配式斜支撑节点钢结构框架体系	装配式绿色钢结构建筑	模块化建筑
组成	柱	高频焊接矩形钢管混凝土结构	钢柱、钢梁与钢管束组合结构构件组成结构体系	整体钢立柱	箱形截面钢柱	箱形截面钢柱
	梁	高频焊接 H 型钢		集成式钢框架夹层组合楼板	H 型钢	H 型钢或矩形管
	楼板	钢筋桁架楼承板钢筋桁架混凝土叠合板			钢筋桁架楼承板	集成装配式楼板
	墙板	汉德邦 CCA 板灌浆墙	模块化墙体		AAC 板 + ET 板	集成装配式墙板
	节点特色	直通横隔板式		插入式套装	钢柱预留牛腿	梁上设小立柱
	小结	工业化程度适中钢管混凝土结构	工业化程度适中造价稍低	工业化程度高吊装构件体量大斜撑布置多	工业化程度适中节点连接方便	工业化程度适中研发成果不多

1. 杭萧钢构研发及应用成果

（1）多高层钢结构住宅体系。杭萧多高层钢结构住宅体系定位多高层建筑结构，以矩形钢管混凝土结构为研发起点和切入点，逐步形成一套符合产业化特点的完整体系，于 2007 年 11 月获国家发明专利。

结构体系主要包括钢框架结构体系、钢框架-支撑结构体系、钢框架-剪力墙结构体系和交错桁架结构体系。其中剪力墙形式多样，包括内填钢板剪力墙、内填预制混凝土剪力墙和现浇钢筋混凝土剪力墙等。

柱采用冷弯成型高频焊接矩形钢管混凝土结构，承载力高，抗震和耐火性能好。梁采用高频焊接 H 型钢，兼具热轧 H 型钢规模化生产和焊接 H 形截面尺寸灵活的综合优势。框架梁通过直通横隔板式节点与框架柱刚接（图 1-15），避免柱壁层状撕裂现象的发生，节点抗震性能较好，可以实现节点工业化生产。次梁与主梁采用铰接。支撑主要采用高频焊接矩形钢管或 H 型钢。

图 1-15　直通横隔板式节点

楼板系统一般采用钢筋桁架楼承板（图 1-16）或钢筋桁架混凝土叠合板（图 1-17）。楼板抗震性能优异，施工现场绑扎工作量较少，且无须现场支模或搭脚手架，显著缩短了工期。目前钢筋桁架楼承板已由杭萧钢构企业标准升级为住房城乡建设部行业标准。

图 1-16　钢筋桁架楼承板

图 1-17　钢筋桁架混凝土叠合板

墙体系统采用汉德邦 CCA 板灌浆墙，轻钢龙骨固定于框架梁柱，两侧安装 CCA 板，预留灌浆孔灌注 EPS 混凝土（图 1-18）。该墙体防水、防火、保温隔热、隔声等性能优异，且抗震性能优越。

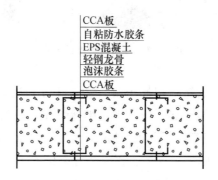

图 1-18　CCA 板灌浆墙

（2）钢管束组合结构体系。2014 年 1 月，杭萧钢构申请获得钢管束混凝土组合结构体系发明专利。该体系与多高层钢结构住宅体系相比，围护系统基本相同，结构体系大幅创新。它由柱、钢管束组合结构构件与 H 型钢梁或箱形梁连接而成。钢管束是由若干 U 型钢与矩形钢管在工厂进行拼接组装而成的多个竖向空腔的结构单元，空腔内灌注自密实混凝土，形成钢管束混凝土组合剪力墙。钢管束平面形式有 T 形、一字形、工字形、Z 形等。

（3）工程案例。武汉世纪家园住宅小区共 11 幢高层住宅，地上 11～24 层，采用杭萧钢构多高层钢结构住宅体系，于 2009 年交付使用。该工程被列为"住房城乡建设部科技示范工程"。

杭州钱江世纪城人才专项用房项目 11 号楼，地下 2 层，地上 30 层，建筑高度 95.1m，采用钢管束组合结构体系。该工程于 2015 年 2 月开工建造，2015 年 5 月顺利封顶。

2. 远大可建研发及应用成果

（1）装配式斜支撑节点钢结构框架体系。远大可建钢结构住宅产业化研发定位多高层建筑。结构体系采用其自主研发的装配式斜支撑节点钢结构框架体系，并以该体系为核心，配套使用研发的梁、柱、楼板、墙板等，最终形成一套完整的钢结构住宅系统，并于 2012 年申请获得国家发明专利。

柱采用箱形截面钢柱，钢柱侧边设置斜向支撑，形成一个整体钢立柱。支撑形式分为节点加强型斜撑和 X 形斜撑。该立柱结构强度高，组装方便，可工业化、标准化生产。

结构体系可应用集成式组合楼板，由钢筋混凝土压型钢板组合楼板集成水、电、暖、通风系统的架空钢框架夹层。该楼板系统集合了结构、围护、装饰及水电系统，实现了钢构焊接、混凝土浇筑、楼面装饰以及所有水、电、暖、通风系统的横向管线敷设等工序的工厂化施工，显著提高了建筑装配率。钢柱与组合楼板的连接采用插入式套装，整体钢立柱两端设有导向板，便于插入组合楼板设计位置，然后用高强螺栓连接或法兰连接。

墙体系统主要采用模块化墙体。墙体以冷弯薄壁型钢作为骨架，以保温防潮性好的发泡材料作为墙体，墙体四周采用软性材料密封，在内部集成电线、控制线、开关、插座等。墙体上可预装内外装饰面板。墙体安装有销钉，便于与框架结构连接固定。

（2）工程案例。"小天城"位于湖南省长沙市，建筑面积 18 万 m^2，于 2015 年建成。该建筑高 200 多米，19 天完成现场结构施工。

T30A 塔式酒店位于湖南省湘阴县，建筑面积 1.7 万 m^2，于 2011 年完工。该建筑共 30 层高，15 天完成结构施工，无现场湿作业。

3. 中建钢构研发及应用成果

（1）装配式绿色钢结构建筑。中建钢构于 2015 年提出一种集成装配式绿色钢结构建筑，适用于低层及多高层建筑，采用钢框架结构体系、钢框架-支撑结构体系。

梁、柱截面形式采用常规截面，其中柱主要采用箱形截面钢柱，梁为 H 型钢梁。梁柱节点采用螺栓连接，连接节点采用钢柱预留牛腿端部，无现场焊接工作。

楼板系统一般采用钢筋桁架楼承板。施工现场免支模，底模采用覆塑板，可拆除回收循环利用，避免后续吊顶施工，且可以实现立体交叉作业，可缩短主体结构施工周期，降低综合成本。

墙体系统采用蒸压砂加气混凝土板（AAC 板）作为基墙，保温装饰 ET 板为面层。该墙体密度较小，安装方便，与框架连接节点工艺成熟。

（2）钢结构模块化建筑。钢结构模块化建筑是中建钢构住宅产业化的另一个系列，同样应用于低层和多高层建筑，采用钢框架结构体系。

钢框架结构体系向部品化、模块化方向发展，将结构划分为一维柱模块和二维梁模块（图 1-19）。梁、柱截面形式采用常规截面，其中钢柱一般采用箱形截面，钢梁一般采用 H 型钢梁或箱形截面。二维梁模块与一维柱模块的连接节点处设有短柱，并采用高强螺栓连接（图 1-20）。

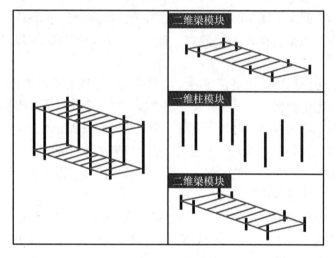

图 1-19　模块划分

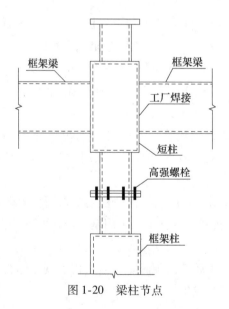

图 1-20　梁柱节点

楼板系统采用集成装配式楼板，内层为桁架组拼模块、龙骨及发泡混凝土，外层为水泥纤维板、增强板及装饰地板，同时电缆管、水管等集成在楼板内部。该楼板具有可工业化生产、异地循环使用等优点。

墙板系统采用集成装配式墙板。墙体骨架由方钢管、C 型钢、支撑条等组成，由发泡混凝土形成墙板，外侧加装铁丝网、水泥纤维板、玻镁板（内墙）或涂刷涂料（外墙）。墙板框架内可以加设电缆管及水管，集成化程度高，可工业化生产。

（3）工程案例。中建钢构大厦位于深圳市，高 166.7m，建筑面积 5.5 万 m²。该建筑采用中建钢构装配式绿色建筑体系，于 2015 年封顶，被评为"住房城乡建设部科技示范工程"，并获美国 LEED-CS 金级认证。

武汉某开发区一栋 2 层的钢结构别墅，由 10 个二维长方形模块组成，于 2015 年 7 月完工，成为国内首个模块化绿色钢结构住宅。

1.2　钢结构的特点

钢结构是用钢板、热轧型钢或冷加工成型的薄壁型钢制造而成的，和其他材料建造的结构相比，其有明显的优缺点。

1.2.1　钢结构的优点

（1）强度高，塑性和韧性好。和其他建筑材料（如混凝土、砖石和木材）相比，钢材的强度要高得多，因此，其特别适用于跨度大或荷载较大的构件和结构。钢材还具有塑性和韧性好的特点。塑性好，结构在一般条件下不会因超载而突然断裂；韧性好，结构对动力荷载的适应性强。良好的吸能能力和延性还使钢结构具有优越的抗震性能。

（2）材质均匀，和力学计算的假定比较符合。钢材内部组织比较接近于匀质和各向同性体，而且在一定的应力幅度内是完全弹性的。因此，钢结构的实际受力情况和工程力学计算结果比较符合。钢材在冶炼和轧制过程中质量可以严格控制，材质波动的范围小。

（3）制造简便，施工周期短。钢结构所用的材料单纯而且是成材，加工比较简便，并能使用机械操作。因此，大量的钢结构一般在专业化的金属结构厂做成构件，精确度较高。构件在工地拼装，可以采用安装简便的普通螺栓和高强度螺栓，有时还可以在地面拼装和焊接成较大的单元再进行吊装，以缩短施工周期。少量的钢结构和轻钢屋架也可以在现场就地制造，随即用简便机具吊装。此外，对已建成的钢结构也比较容易进行改建和加固，用螺栓连接的结构还可以根据需要进行拆迁。

（4）自重轻。钢材的密度虽比混凝土等建筑材料大，但钢结构却比钢筋混凝土结构轻，原因是钢材的强度与密度之比要比混凝土大得多。以同样的跨度承受同样荷载，钢屋架的质量最大不超过钢筋混凝土屋架的 1/4 ~ 1/3，冷弯薄壁型钢屋架甚至接近 1/10，为吊装提供了方便条件。对于需要远距离运输的结构，如建造在交通不便的山区和边远地区的工程，质量轻也是一个重要的有利条件。

（5）抗震性能好。由于自重轻和结构体系相对较柔，受到的地震作用小，钢材又有较高的抗拉和抗压强度以及良好的塑性和韧性，因此在国内外的历次地震中，钢结构是损坏最轻的结构，已公认为是抗震设防地区特别是强震区的最合适结构。

1.2.2 钢结构的缺点

钢结构除了具有上述显著优点外，也有明显缺点，主要表现在以下几个方面。

（1）耐腐蚀性差。新建造的钢结构一般隔一定时间都要重新刷防锈涂料，维护费用较高，不刷涂料的两面外露钢材，在大气环境下腐蚀速度是 8 ~ 17mm/年；涂装要定期维护，否则容易脱落（图 1-21、图 1-22），导致钢材锈蚀（图 1-23 ~ 图 1-26）。

图 1-21　钢梁涂装层脱落

图 1-22　螺栓球涂装层脱落

图 1-23　网架支座锈蚀

图 1-24　网架杆件及节点锈蚀

图 1-25 排架柱脚锈蚀　　　　　　　图 1-26 排架柱锈蚀

（2）耐火性较差。在火灾中，未加防护的钢结构一般只能维持 20min，当温度大于 200℃后，钢材材质发生较大变化，强度开始降低，同时有蓝脆和徐变现象出现，温度大于 400℃时强度和弹性模量开始急剧降低，温度达到 650℃时，钢材进入塑性变形状态，基本丧失承载能力。

（3）由于材料强度高、构件截面尺寸小，易失稳。在复杂应力的作用下或在复杂的使用环境中，钢结构构件还存在一些特殊的问题，除了强度破坏以外，还可能出现失稳破坏、连接与构造先破坏和脆性破坏（图 1-27）。

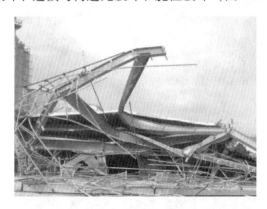

图 1-27 钢结构失稳

（4）存在焊接残余应力和安装尺寸偏差应力等。在结构荷载作用下，应力叠加，导致真正的应力与设计计算应力差别较大。钢结构工程检测鉴定中，曾发现设计计算为受拉杆件，出现了压屈失稳破坏的现象；较多的情况是设计的拉杆在施工中由于尺寸偏差等原因实际变为压杆，而设计时压杆却在节点处出现受拉破坏，如某体育馆网架拉杆由于加工尺寸偏长，变成弯曲状受压（图 1-28）。

图 1-28　拉杆变形成压杆

（5）导制结构件的疲劳问题、低温冷脆问题、应力集中断裂问题、振颤问题比混凝土结构或砌体结构问题严重得多（图 1-29 和图 1-30）。

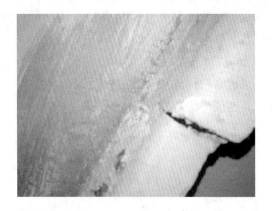

图 1-29　吊车梁疲劳破坏

图 1-30　连接焊缝疲劳破坏

针对钢结构易出现的问题，可采取相应的检测鉴定方法解决，见表 1-2。

表 1-2 钢结构易出现的问题和检测评定内容

钢结构特点	易出现的问题	解决问题的方法	检测评定内容
工业化程度高，分制作和安装两个阶段，工厂深化设计，工地安装	连接质量易出现问题，安装误差产生应力	提高连接质量、减少安装误差	连接质量、焊缝探伤、螺栓扭矩、安装应力、安装位置偏差检测，按设计要求和施工质量验收规范评定
钢材的强度高	构件截面尺寸小，稳定性差，刚度低	选择钢材品种，加强构造措施，提高整体刚度	材料强度、截面尺寸、动力反应、构造措施检测，承载力和稳定性验算分析
易锈蚀	锈蚀后截面减小，影响耐久性和安全性	定期喷涂防腐涂料	涂层厚度检测，按设计要求和施工质量验收规范评定
耐火性差	受热后强度、刚度降低	定期喷涂防火涂料，抗灾害能力提高	涂层厚度检测，按设计要求和施工质量验收规范评定

1.3 钢结构的破坏类型及原因分析

1.3.1 钢结构的破坏类型

表 1-3 和表 1-4 是对国内外钢结构事故的统计。

表 1-3 国内钢结构事故统计

发生时间	工程项目	原因分析
1960 年 2 月	重庆天原化工厂钢屋架	火灾倒塌
1969 年 12 月	上海文化广场钢屋架	火灾倒塌
1973 年 1 月	辽阳太子河桥	斜拉杆断裂
1973 年 5 月	天津市体育馆钢屋架	火灾倒塌
1979 年 12 月	吉林液化气罐爆炸	低温脆性断裂引起爆炸
1981 年 4 月	长春卷烟厂钢木屋架	火灾倒塌
1983 年	上海某研究所食堂	钢索锈蚀，锚头被拉断
1983 年 8 月	台湾省立芊原高中礼堂	结构超载及长期漏水引发的锈蚀
1983 年 12 月	北京友谊宾馆剧场	火灾倒塌

续表

发生时间	工程项目	原因分析
1984 年 6 月	某体育馆	火灾，腹杆弯曲变形
1986 年 2 月	唐山市棉纺织厂	火灾倒塌
1986 年 4 月	北京高压气瓶厂	火灾倒塌
1987 年 4 月	江油电厂俱乐部	火灾倒塌
1988 年 2 月	河南信阳某厂房	暴雪荷载引起局部失稳
1989 年 1 月	内蒙古糖厂储罐	低温脆性断裂引起爆炸
1990 年 2 月	重型机器厂计量楼	整体倒塌，钢材不满足用钢标准和施工问题
1992 年 9 月	深圳国际展览中心	暴雨导致屋面积水，引起展厅倒塌
1993 年	福建泉州冷库	火灾
1993 年 11 月	某体育馆	火灾
1994 年 12 月	天津地毯仓库	设计错误、施工质量差引起倒塌
1995 年	某单层球面网壳	火灾，未造成网壳损害
1996 年	江苏省昆山市某厂房	火灾倒塌
1996 年 6 月	某歌舞厅	火灾使 70 根杆件变形
1996 年 12 月	鞍山某化工公司库房	整体失稳引起倒塌
1997 年 1 月	鞍山某饲料公司库房	暴风雪造成局部屈曲，从而引起整体失稳
	鞍山某游泳馆	暴风雪造成局部屈曲，从而引起整体失稳
	鞍山某田径训练馆	暴风雪造成局部屈曲，从而引起整体失稳
1998 年	北京某家具城	火灾，整体倒塌
2001 年 1 月	辽宁营口仓库	局部失稳引起倒塌
	辽宁西丰县市场	局部失稳引起倒塌
2005 年 9 月	徐州某开发区厂房	操作不当引起局部失稳，导致倒塌
2006 年 3 月	江苏盐城某厂房	整体失稳引起倒塌
2007 年	上海环球金融中心	火灾

表 1-4 国外钢结构事故统计

发生时间	工程项目	原因分析
1875 年	俄罗斯克夫达敞开式桥	上弦杆压杆失稳，全桥破坏
1886 年 10 月	美国纽约某水塔	世界第一次钢结构脆性断裂事故
1907 年	加拿大魁北克大桥（一）	悬臂的受压下弦杆失稳造成倒塌
1919 年 1 月	美国波士顿糖液罐	破裂
1925 年	苏联莫兹尔桥	压杆失稳破坏
1937 年	英国某海船	碰撞中脆断沉没

发生时间	工程项目	原因分析
1938 年 1 月	德国柏林某公路桥	桥梁中的残余应力过大导致低温冷脆断裂
1940 年 11 月	美国塔科悬索桥	发生很大的扭转振动倒塌
1943 年 1 月	美国某油轮	温度 −5℃，3 条油轮各断成两截
1944 年	美国某天然气双重球壳罐	低温严重脆断
1938—1950 年	比利时某大桥	6/14 座大桥负温下冷脆断裂破坏
1951 年 1 月	加拿大魁北克大桥（二）	低温冷脆导致整体塌陷
1952 年	欧洲某油罐	破坏
1954 年	英国"世界协和号"油轮	由船底起裂，直贯甲板，一分为二
1960 年	罗马尼亚布加勒斯特的圆球面单层网壳	压杆屈曲
1962 年 7 月	澳大利亚墨尔本皇帝大桥	挠度过大导致脆性破坏
1966 年 1 月	苏联诺里列某浓缩车间	钢结构低温脆断事故
1967 年	美国蒙哥马利市的一个饭店	火灾倒塌
1967 年 12 月	美国西弗吉尼亚的一座大桥	钢材韧性很低，疲劳断裂
1970 年	美国纽约第一贸易办公大楼	火灾
	澳大利亚墨尔本附近西门桥	上翼板跨中央失稳，整跨倒塌
1978 年 1 月	美国哈特福市中心体育馆	雪荷载超载导致压杆失稳
1979 年 6 月	美国肯帕体育馆	高强度螺栓在长期风荷载作用下疲劳破坏
1980 年 3 月	英国"基尔蓝"海洋平台	疲劳脆断
1990 年	英国一幢多层钢结构建筑	火灾
1994 年 10 月	韩国首都汉城的圣水桥	一根竖杆脆性断裂，坍塌
2001 年 9 月	美国纽约世贸中心	飞机撞击导致火灾

表 1-5 是对 62 起不同结构形式的钢结构事故分析的统计结果，针对国内外诸多钢结构事故的统计，在钢结构事故中，工业厂房及普通的轻型钢屋盖所占比率最高，达 48.33%，这是因为钢结构在工业厂房和普通轻型钢屋盖方面应用最多。

表 1-5 不同结构形式的钢结构事故分析的统计结果

项目	高层钢结构	大跨度公共建筑钢结构	工业厂房（包括普通的轻型屋盖）	桥梁钢结构	特种钢结构	其他
事故数量	2	6	29	12	9	4
所占比率/%	3.3	10	48.3	20	15	6.7

对 60 例钢结构工程事故破坏类型的统计分析见表 1-6，可以从整体上对各类事故有较全面的了解。由于火灾事故破坏的机理较为复杂，往往对该类事故的破

坏形式分析得不多，在统计分析中火灾事故的比率最高。

表1-6　不同破坏形式的钢结构事故的统计分析结果

项目	承载力和刚度失效	失稳破坏	疲劳破坏	脆性断裂	腐蚀破坏	火灾破坏	其他类型破坏
实例数	8	14	3	13	2	18	2
比率/%	13.3	23.3	5	21.7	3.3	30	3.3

从表1-5和表1-6所示的钢结构事故统计分析，可以得出如下结论：

（1）在各类结构形式中，工业厂房（包括普通的轻型钢屋架）的事故最多，占统计资料的48.3%。

（2）从事故破坏形式分析，钢结构的火灾破坏最多，占统计资料的30%左右，此外，失稳破坏和脆性断裂事故所占比率也较大，分别占统计资料的23.3%和21.7%。

从其他资料统计的钢结构事故发生的时间来看，制作和安装阶段所占的比率最大，为49.2%。总体来看，设计阶段对结构荷载和受力情况估计不足、制作和安装阶段的连接质量差、钢材质量低劣、支撑和结构刚度不足以及使用维护阶段的火灾是引发事故最常见的原因。

1.3.2　钢结构破坏的原因分析

钢结构事故简单分为整体事故和局部事故两种；按破坏类型划分，可以分为结构的承载力和刚度失效，结构或构件的整体和局部失稳，结构的塑性破坏，结构的脆性破坏、疲劳破坏、腐蚀破坏，温度作用引起的破坏和损伤。

1. 结构的承载力失效

结构的承载力失效是指在正常使用状态下结构构件或连接因材料强度被超越而导致的破坏。其主要原因有：①钢材的强度指标不合格。②连接件承载力不满足要求。焊接连接件的承载力取决于焊接材料强度及其与母材的匹配，焊接工艺，焊缝质量和缺陷及其检查和控制，焊接对母材热影响区的影响，螺栓缺失、连接不牢固等。③使用荷载和条件的改变，超过原设计安全冗余度，包括计算荷载的超越、部分构件退出工作引起其他构件增载、意外冲击荷载、温度变化引起的附加应力、基础不均匀沉降引起的附加应力等。

2. 刚度失效

刚度失效是指产生影响其继续承载或正常使用的塑性变形或振动。其主要原因是：①结构支撑体系不够，支撑体系是保证结构整体和局部刚度的重要组成部分，它不仅对抵抗水平荷载和抗地震作用、抗振动有利，而且直接影响结构正常使用；②结构或构件的构造措施等不足，导致刚度不满足设计要求，如轴压构件不满足长细比要求，受弯构件不满足允许挠度要求，压弯构件不满足上述两方面要求。

3. 整体失稳和局部失稳

失稳主要发生在轴压、压弯和受弯构件中，包括钢结构丧失整体稳定性和局部稳定性。影响结构构件整体稳定性的主要因素有构件的长细比、构件的各种初始缺陷、构件受力条件的改变、临时支撑体系不够。影响结构构件局部稳定性的因素主要是局部受力加劲肋构造措施不合理。当构件局部受力部位（如支座、较大集中荷载作用点）没有设支撑加劲肋，外力就会直接传给较薄的腹板，从而产生局部失稳；吊装时，吊点的位置选择不当或者在截面设计中构件的局部稳定不满足要求，都能影响构件的局部稳定性。

4. 塑性破坏和脆性破坏

钢结构具有塑性好的显著特点，有时发生塑性破坏，有时也产生脆性破坏，当结构因抗拉强度不足而破坏时，破坏前有先兆，呈现出较大的变形和裂缝，呈现塑性破坏特征。但当结构因受压稳定性不足而破坏时，可能失稳前变形很小，呈现脆性破坏特征，而且脆性破坏的突发性也使失稳破坏更具危险性。

5. 疲劳破坏

承受反复荷载作用的结构会发生疲劳破坏，如果钢结构构件的实际循环应力值、最大与最小应力差和实际循环次数超过设计时所取的参数，就可能发生疲劳破坏，产生原因有：①结构件中有较大应力集中区域；②所用钢材的抗疲劳性能差；③所用钢材制作时有缺陷，其中裂纹缺陷对钢材疲劳强度的影响比较大，不裂不疲是指如果没有裂缝产生，不会发生疲劳破坏；④钢材的冷热工、焊接工艺所产生的残余应力和残余变形对钢材疲劳强度也会产生较大影响。

6. 腐蚀破坏

腐蚀使钢结构杆件净截面减损降低了结构承载力和可靠度，使钢结构脆性破坏的可能性增大，尤其是抗冷脆性能下降。经常干湿交替又未包混凝土的构件、埋入地下的地面附近部位、可能存积水或遭受水蒸气侵蚀部位等都容易发生锈蚀。由于钢结构以钢板和型钢为主要材料，必须使用物理化学性能合格的钢材，并对钢板型钢间的连接加以严格控制，轻钢结构对腐蚀更敏感，截面尺寸越小的构件越容易发生腐蚀破坏。

钢材如果长时间暴露在室外受到风雨等自然侵蚀，必然会生锈老化，其自身承载力会下降，甚至结构破坏。

7. 温度作用引起的破坏和损伤

钢结构构件遇到火灾或安装在热源附近时，会因温度作用受到损伤，严重时将会引起破杯。在设计中已明确规定，当物件表面温度超过150℃时，在结构防护处理中就要采取隔热措施。一般钢结构件表面温度达到200~250℃时，油漆层破坏；达到300~400℃时，结构件因温度作用发生扭曲变形；超过400℃时，钢材的强度特征和结构的承载能力会急剧下降，见表1-7。

表1-7 Q235钢在高温状况下的容许能力

温度/℃	20	150	200	250	300	350	400	450	500
容许能力/%	100	100	85.5	81	76.2	62	52.4	33.0	0

在高温车间温度变化大时，会出现相当大的温度变形，形成的温度位移将使结构实际位置与设计位置出现偏差。当有阻碍自由变形的约束作用，如支撑、嵌固等作用时，结构件内会产生有周期特征的附加应力，在这些应力作用下也会导致构件的扭曲或出现裂缝。在负温作用下，特别是在有应力集中的钢结构构件中，可产生冷脆裂纹，这种冷脆可以在工作应力不变的条件下发生和发展，导致破坏。

1.4 既有钢结构检测与评定的原因

目前，我国已经进入工程改造和新建并重的发展阶段，在钢结构广泛应用与快速发展的同时，国内外都曾发生过许多不同类型、不同原因、不同程度的钢结构工程事故，特别是一些重大钢结构事故，造成了严重的人员伤亡和经济损失。因此在钢结构建筑的整个寿命周期内，遇到下列情况时，为保证结构的安全使用，需对其进行检测评定。

1. 灾害的影响

既有钢结构工程在改造及使用期间，受到灾害的影响，如遭受地震、洪水、泥石流、风灾、雪灾等自然灾害，或因火灾、爆炸、碰撞、振动等人为灾害，往往导致结构损伤，造成建筑物局部或整体安全性不足，严重者将丧失正常使用功能，故在灾害之后需进行检测评定。

2. 发生工程质量事故

既有钢结构工程改造施工期间，发生工程质量事故或工程质量出现问题，需要检测鉴定，明确事故的原因，确定下一步处理方案。

3. 老旧建筑物抗震能力达不到要求

我国是一个地震多发的国家，87%的行政区域属于地震区，历史上发生过多次大地震，所有的省、自治区、直辖市均属于6度及其以上抗震设防烈度。由于汶川地震和近年来各地频繁发生的地震影响，各地抗震设防等级有所调整和提

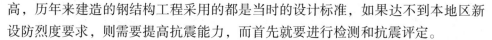

高，历年来建造的钢结构工程采用的都是当时的设计标准，如果达不到本地区新设防烈度要求，则需要提高抗震能力，而首先就要进行检测和抗震评定。

4. 工业建筑大修前

工业建筑由于安全生产的要求，设备及厂房需要定期大修，故而也需要定期进行厂房结构的检测评定。

5. 加层、扩建、改变用途等改造之前

建筑物在使用过程中，因使用功能发生改变、工业厂房的生产工艺改变、民用房屋改变用途等，原设计不能满足新功能要求，需要根据使用要求进行加层或扩建等，此时，不能用原设计图的资料进行改造设计，因为经过多年使用，结构现状与原设计会有很大的不同，应该对既有结构现状进行检测和评定，作为加层、扩建、改造设计和施工的依据。

6. 对建筑物可靠性有怀疑或争议

建筑物使用期间如出现开裂、变形等结构损伤的，对其可靠性有怀疑和争议时，应进行检测评定。既有钢结构建筑物附近有深基坑开挖、地铁施工、高速公路施工以及邻近建筑物地基施工，或过大的振动，对既有结构造成倾斜、裂缝，或引起地基不均匀沉降等，需要进行检测评定，明确影响范围和危害性。

7. 建筑物到了设计基准期还需要继续使用

建筑物到了设计基准期，结构功能基本完好，生产和生活需要继续使用的，需要进行检测评定，根据检测评定结果确定如何继续使用，是否需要加固处理等。

8. 历史遗留建筑物办理不动产证

有些钢结构建筑物建造时没有办理相关手续，特别是一些城市的经济或技术开发区，注重建设速度，缺乏监理和质量监督等过程监管，建成后设计、施工等资料不完备，在办理不动产证时，需要先进行建筑物性能的检测评定，合格后办理不动产证手续。

第 2 章　既有钢结构检测评定的基本规定

2.1　既有钢结构检测的分类

　　既有钢结构根据其检测评定的内容，可分为安全性鉴定、适用性鉴定、耐久性鉴定、可靠性评定及专项检测与评定。对有抗震要求的地区，尚应进行抗震性能鉴定。

　　既有钢结构遇有下列情况时，应委托第三方检测机构进行检测与可靠性评定：

　　（1）拟改变使用功能、使用条件或使用环境。

　　（2）拟进行改造、改建或扩建。

　　（3）达到设计使用年限拟继续使用。

　　（4）因遭受灾害、事故而造成损伤或损坏。

　　（5）存在严重的质量缺陷或出现严重的腐蚀、损伤、变形。

　　既有钢结构出现下列情况之一时，宜进行检测与可靠性评定：

　　（1）对建筑物或构筑物进行大规模维修或装饰装修。

　　（2）正常使用中例行检查、维修时，发现劣化或损伤迹象。

　　既有钢结构存在下列问题时，宜进行专项检测与鉴定：

　　（1）存在影响使用功能的振动。

　　（2）存在疲劳问题，影响疲劳寿命。

　　（3）遭受火灾影响或损伤。

　　既有钢结构可靠性鉴定对象的范围，应按结构系统确定，鉴定对象应是整个建筑物的钢结构或建筑物中结构功能相对独立的钢结构部分。

　　在进行钢结构可靠性评定时，应明确建筑物或构筑物的后续目标使用年限。

　　既有钢结构性能的检测应为结构的评定提供真实、可靠、有效的数据和检测结论。受到外在人为因素影响的结构，可采取结构工程质量检测和既有结构性能检测相结合的方式。

2.2　既有钢结构建筑的分类

既有钢结构建筑的检测内容及抽样要求，宜根据受检建筑物的施工资料情况进行分类。

A 类：结构图纸齐全且真实有效，施工质保资料基本齐全且真实有效。

B 类：结构图纸不齐全但真实有效，施工质保资料缺失或部分缺失。

C 类：结构图纸缺失，施工质保资料缺失或部分缺失。

2.3　既有钢结构工程检测评定的工作程序和内容

2.3.1　既有钢结构工程检测评定的工作程序

既有钢结构工程检测评定的工作程序应按图 2-1 中的框图进行。

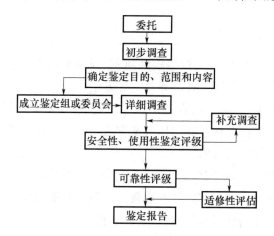

图 2-1　既有钢结构工程检测评定的工作程序

2.3.2　既有钢结构的检测内容

为了评定既有钢结构的安全性、适用性、耐久性、可靠性评定或专项检测评定及防灾害能力，应进行现场检测，得到工程现场实测的结果，然后进行结构体系、构件布置及构造连接的评定以及承载能力验算等。一般情况下现场检测项目如下：

（1）结构体系、构件布置及支撑系统布置核查。

（2）钢结构和构件外观质量检查，包括对钢材结构损伤和裂纹检测等。

（3）材料强度及性能检测，包括钢材的力学性能（强度、伸长率、冷弯性能、冲击韧性）和化学成分。

（4）连接与构造检测，包括焊缝的表面检查及内部探伤，高强度扭剪型螺栓连接的梅花头是否已拧掉，高强度螺栓连接外露螺栓丝扣数，节点连接面顶紧与否直接影响节点荷载的传递和受力等。

（5）防护措施检测，包括防火、防腐涂装厚度。

（6）整体变形和局部变形检测，包括结构整体沉降或倾斜变形，水平构件挠度和竖向构件的垂直度、支座及杆件交点位置是否有偏差等。

（7）构件的尺寸及锈蚀损伤检测，包括杆件截面尺寸、钢管壁厚、直径，锈蚀情况及锈蚀后剩余截面尺寸。

（8）结构荷载和作用环境等检测，以及有无振动影响等。

2.4　检测方法和抽样方案

2.4.1　检测方法

（1）既有钢结构的检测应根据检测目的、检测项目、建筑结构状况和现场条件选择适用的检验、测试、观测和监测等方法。

（2）结构工程质量的检测宜选用国家现行有关标准规定的直接测试方法；当选用国家现行有关标准规定的间接测试方法时，宜用直接测试方法测试结果对间接测试方法测试结果进行修正。

（3）采用自行开发或引进检测方法应符合下列规定：

①该方法必须通过技术鉴定，并应具有工程检测实践验证。

②该方法应事先与已有成熟方法进行比对试验。

③检测单位应有相应的检测细则。

④在检测方案中应予以说明，必要时应向委托方提供检测细则。

2.4.2　现场检测抽样方案

为了评定既有钢结构的质量或性能进行的现场检验，除外观质量全部检查外，没有必要对所有构件的材料性能和截面尺寸等都进行检测，而是抽测某些构件。对抽样检测的结果进行评定，评定结果也代表未被抽查的构件。因此抽取的样本应具有代表性，数量也不应太少，抽样方法应科学合理。根据检测和质量评定相关规范标准，不同的检验项目有不同的抽样方法。

1. 全数检测项目

（1）外观质量缺陷或表面损伤检测。外观质量和裂缝等是全数检测项目，具体的钢结构工程检测时，首先分析容易出现外观质量问题的部位，作为重点检查的对象，如存在渗漏现象的屋顶，易受到潮湿环境影响的柱脚，受到动荷载和疲劳荷载影响的部位，梁柱节点及支撑连接部位，受到磨损、冲撞损伤的构件，室外挑檐、悬挑构件等。

（2）钢结构建筑物灾害后检测。受到灾害影响的区域应全数检测，对灾害影响程度进行分级，通常从无影响到有严重影响分为四个等级，按梁、板、柱、墙构件类型划分出各级的范围和区域。

2. 抽样检测项目

抽样检测分为计数抽样和计量抽样。尺寸及尺寸偏差项目属于计数抽样检测和评定项目，材料强度则属于计量抽样检测和评定项目。

（1）尺寸及尺寸偏差检测。有竣工图时，可以适当减少抽检数量，与图纸尺寸符合。没有图纸时，现场进行截面尺寸、跨度、高度等测绘，并绘制建筑和结构图，根据测绘结果划分检验批，同一类型的构件作为检验批，根据相关标准对钢材的截面尺寸和规格型号进行抽样检测。

（2）材料强度检测。有竣工图时，可以适当减少抽检数量。无图纸时，首先根据现场测绘结果划分检验批，每批构件中根据取样试验方法或非破损方法（如硬度法）检验确定其强度等级，通常以非破损检测方法为主，少量取样试验采用破损方法验证。

（3）焊缝质量可以根据焊缝条数划分检验批，也可以根据构件数划分检验批。螺栓连接可以根据螺栓连接的节点数或螺栓总数划分检验批。

（4）连接挠度变形和倾斜变形可以通过现场观察，检验出现变形的构件，测量构件的变形，掌握变形的规律，为分析变形的原因提供依据。

（5）涂装厚度可按构件数量划分检验批，按批抽样检验，不符合要求时提出处理意见。

2.4.3　抽样数量

既有钢结构建筑物的检测不同于施工质量评定和对施工质量进行验收，没有必要对每个参数的检测结果是否合格进行评定，而是通过抽样检验，确定检测项目的结果，为承载力验算、变形验算、稳定验算和安全性评定提供数据支持。

检验批是指检测项目相同、质量要求和生产工艺等基本相同，由一定数量构件等构成的检测对象。

对于既有钢结构工程，首先对检测项目划分检验批，检验批根据构件数量和类型划分，单个构件的划分可参见《工业建筑可靠性鉴定标准》（GB 50144）附录 A。

独立柱基础：一个基础为一个构件。

条形基础：一个自然间的一面为一个构件。

板式基础：一个自然间的板为一个构件。

墙体：一个计算高度、一个自然间的一面为一个构件。

柱：一个计算高度、一根为一个构件。

现浇板：一个自然间的面积为一个构件。

预制板：一块板为一个构件。

屋架、桁架：一榀为一个构件。

划分检验批后，确定每批构件总数，然后抽取一定的样本容量进行检测。通常检验项目的抽样量可按《钢结构现场检测技术标准》（GB/T 50621）的规定抽取。《钢结构现场检测技术标准》（GB/T 50621）表3.4.4 中给出的是最小样本容量，并不是最佳样本数量，见表2-1。

表2-1　既有钢结构抽样检测的最小样本容量

检验批的容量	最小样本容量			检验批的容量	最小样本容量		
	A	B	C		A	B	C
3～8	2	2	3	151～280	13	32	50
9～15	2	3	5	281～500	20	50	80
16～25	3	5	8	501～1200	32	80	125
26～50	5	8	13	1201～3200	50	125	200
51～90	5	13	20	3201～10000	80	200	315
91～150	8	20	32	—	—	—	—

检验类别分为三类：A 类适用于图纸齐全、资料完整的工程，现场抽取少量的构件进行检验；B 类适用于图纸不齐全、资料不完整的检测；C 类适用于无图纸、无资料的检测。根据检验类别确定抽样数量，样品的位置应随机选取，选择具备现场操作条件的构件，原则上要求选取的位置应分布均匀、对称，有代表性。

2.5　检测结论与判定

既有钢结构可靠性评定应划分为结构构件及节点、结构系统两个层次。

（1）钢构件及节点的可靠性应按安全性、适用性和耐久性分别评定，并应按下列规定确定评定等级。

①钢构件及节点的安全性等级分为四级。

a_u 级：在目标使用期内安全，不必采取措施。

b_u 级：在目标使用期内不显著影响安全，可不必采取措施。

c_u 级：在目标使用期内显著影响安全，应采取措施。

d_u 级：危及安全，必须及时采取措施。

②钢构件及节点的适用性等级分为三级。

a_s 级：在目标使用期内能正常使用，不必采取措施。

b_s 级：在目标使用期内尚可正常使用，可不采取措施。

c_s 级：在目标使用期内影响正常使用，应采取措施。

③钢构件及节点的耐久性等级分为三级。

a_d 级：在正常维护条件下，能满足耐久性要求，不必采取措施。

b_d 级：在正常维护条件下，尚能满足耐久性要求，可不采取措施。

c_d 级：在正常维护条件下，不能满足耐久性要求，应采取措施。

（2）钢结构系统的可靠性应按安全性、适用性和耐久性分别鉴定，并应按下列规定确定评定等级。

①钢结构系统的安全性等级分为四级。

A_u 级：在目标使用期内安全，不必采取措施。

B_u 级：在目标使用期内无显著影响安全的因素，可不采取措施或有少数构件和节点应采取适当措施。

C_u 级：在目标使用期内有显著影响安全的因素，应采取措施。

D_u 级：有严重影响安全的因素，必须及时采取措施。

②钢结构系统的适用性等级分为三级。

A_s 级：在目标使用期内能正常使用，不必采取措施。

B_s 级：在目标使用期内尚能正常使用，可不采取措施或有少数构件或节点应采取适当措施。

C_s 级：在目标使用期内有影响正常使用的因素，应采取措施。

③钢结构系统的耐久性等级分为三级。

A_d 级：在正常维护条件下，能满足耐久性要求，不必采取措施。

B_d 级：在正常维护条件下，能满足耐久性要求，可不采取措施或有少数构件或节点应采取适当措施。

C_d 级：在正常维护条件下，不能满足耐久性要求，应采取措施。

2.6 检测设备及人员要求

（1）钢结构检测所用的仪器、设备和量具应有产品合格证、计量检定机构出具的有效期内的检定（校准）证书，仪器设备的精度应满足检测项目的要求。检测所用检测试剂应标明生产日期和有效期，并应具有产品合格证和使用说明书。

（2）检测人员应经过培训取得上岗资格；从事钢结构无损检测的人员应按现行国家标准《无损检测　人员资格鉴定与认证》（GB/T 9445）进行相应级别的培训、考核，并持有相应考核机构颁发的资格证书。

（3）取得不同无损检测方法的各技术等级人员不得从事与该方法和技术等级以外的无损检测工作。

（4）从事射线检测的人员上岗前应进行辐射安全知识的培训，并应取得放射工作人员证。

（5）从事钢结构无损检测的人员，视力应满足下列要求：

①每年应检查一次视力，无论是否经过矫正，在不小于 300mm 距离处，一只眼睛或两只眼睛的近视力应能读出 Times New Roman 4.5。

②从事磁粉、渗透检测的人员，不得有色盲。

（6）现场检测工作应由两名或两名以上检测人员承担。

2.7 检测报告

（1）检测报告应对所检测的项目作出是否符合设计文件要求或相应验收规范的规定。既有钢结构性能的检测报告应给出所检项目的检测结论，并应为钢结构的鉴定提供可靠的依据。

（2）检测报告应包括下列内容：

①委托单位名称。

②建筑工程概况，包括工程名称、结构类型、规模、施工日期及现状等。

③建设单位、设计单位、施工单位及监理单位名称。

④检测原因、检测目的，以往检测情况概述。

⑤检测项目、检测方法及依据的标准。

⑥抽样方案及数量。

⑦检测日期，报告完成日期。

⑧检测项目中的主要分类检测数据和汇总结果，检测结论。

⑨主检、审核和批准人员的签名。

第 3 章　调查与检查

3.1　既有钢结构工程调查

调查主要对既有钢结构的勘察、设计、图审、施工、监理、开竣工时间、使用用途的变动、工程改造等情况进行调查。

初步调查宜了解建筑工程质量控制宏观情况、场地环境、使用历史并收集有关资料。

基本建设程序资料宜检查其及时性、完整性；勘察设计资料宜检查其合理性、完整性；施工技术资料宜检查其及时性、有效性和完整性。

（1）建筑工程质量控制宏观情况初步调查内容包括：

①工程建设程序的执行情况。

②工程建设的起止时间。

③工程勘察、设计、施工、监理单位的发包情况。

④工程勘察、设计、施工、监理单位的资质情况，以及主要责任人的资质情况等。

（2）场地环境初步调查内容包括：

①地段类别。

②不良地质作用及影响。

③地下水升降和地面标高变化。

④周围建（构）筑物和地下基础设施的布置情况，以及其建设过程对拟鉴定建筑物的影响等。

（3）使用历史初步调查内容包括：

①使用功能、使用荷载与使用环境。

②使用中发现建筑结构存在的质量缺陷、处理方法和效果。

③遭受过的火灾、爆炸，历次暴雨、台风、地震等灾害对建筑结构的影响。

④维护、改扩建、加固情况。

⑤场地稳定性、地基不均匀沉降在建筑物上的反应。

⑥当前工况与设计工况的差异，建筑结构在当前工况下的反应等。

（4）收集资料内容包括：

①施工图设计文件审查意见、建筑工程质量监督申报书、施工许可证、工程竣工验收报告和竣工验收备案表（单位工程竣工验收证明书）、房屋产权证明书等。

②岩土工程初步勘察报告、详细勘察报告、补充勘察报告、补充地基原位测试报告等。

③施工图设计文件、设计变更通知书、设计对质量事故的处理意见等。

④施工技术资料、竣工图等。

⑤改扩建与加固施工图设计文件及施工技术资料等。

⑥使用、维修资料等。

3.2 既有钢结构工程检查

既有钢结构工程检查分为资料检查和现场检查。

3.2.1 资料检查内容

（1）基本建设程序宜检查下列内容：

①施工图设计文件审查意见，审查机构确认的施工图设计文件与竣工图的符合程度。

②建筑工程质量监督申报书、施工许可证、工程竣工验收报告和竣工验收备案表（单位工程竣工验收证明书）、房屋产权证明书中各自的工程地点、建筑面积、层数、工程质量责任主体名称等相互间的符合程度。

（2）岩土工程勘察报告宜检查下列内容：

①勘察报告的工程名称、地点与建筑物的符合程度。

②勘察报告完成时间与地基基础设计时间的关系。

③勘察方法的选择、勘察点布置与查明岩土地基深度、原位测试数量与现场取样数量。

④地震区场地和地基地震效应、场地稳定性评价。

⑤勘察成果是否满足地基基础设计和施工要求等。

（3）地基基础设计资料宜根据建筑形体、荷载大小、结构形式、地质条件、室内地坪使用要求和周围环境等情况，检查下列内容：

①地基基础方案，包括基础类型、地基处理方式、基础埋深、持力层选择。

②场地和地基的稳定性。

③基础结构构造措施。

④质量控制指标和检测方法等。

（4）上部建筑物设计资料宜检查下列内容：

①建筑平面和立面布置。

②结构体系的选择与布置。竖向承重体系和抗侧力体系的布置，包括布置的规则性，整体受力性能，整体牢固性能，构件间连接可靠性，侧向变形协调性，地基、基础与上部结构共同工作情况等。

③结构构造措施，包括伸缩缝、沉降缝、防震缝设置，以及超长建筑未设置变形缝的相应技术措施等。

④设计说明、设计要求及设计使用年限。

⑤标准图集选择等。

（5）混凝土结构设计资料宜检查下列内容：

①结构体系的适用高度。

②钢筋连接与锚固。

③框架与剪力墙关键部位的构造做法。

④结构转换部位及节点大样。

⑤预埋件、预埋筋、拉结筋的设置，主体结构与围护结构的连接大样。

⑥单层厂房的柱间支撑系统设置、混凝土屋架支撑系统设置、山墙抗侧力结构设置等。

（6）砌体结构设计资料宜检查下列内容：

①结构体系的适用高度。

②砌体的高厚比。

③构造柱、圈梁、墙梁、过梁和梁垫布置、截面尺寸及配筋。

④预制板的支承长度、板缝构造及开洞处理。

⑤阳台及其他悬挑结构的稳定性。

⑥雨罩、檐口、女儿墙的锚固处理等。

（7）钢结构设计资料宜检查下列内容：

①钢材品种、焊条型号、焊接工艺及其他连接方式的选择。

②构件长细比。

③节点大样。

④柱间支撑系统、屋盖支撑系统以及连系梁的设置。

⑤轻型门式刚架厂房的高度、结构布置、柱与基础的连接方式。

⑥围护系统设置、连接方式与稳定性等。

（8）其他设计资料宜检查下列内容：

①屋面隔热设施做法、设计参数。

②屋面防水设施做法、设计参数。

③外门窗和幕墙的结构布置、固定措施和设计参数。

④高（低）温生产或使用环境下的隔热保温措施。

⑤生产、使用或储存有害介质环境下的防护措施等。

（9）施工技术资料宜检查结构原材料和构配件质量控制资料、施工工艺试验和施工检查记录资料、地基基础和主体结构检测资料、工程竣工验收资料等。

（10）结构材料和构配件质量控制资料包括：

①钢材、水泥、砂、石、砌块、矿物掺合料、外加剂等的出厂合格证和进场检验验收报告。

②预拌混凝土、预拌砂浆的出厂合格证和检验报告。

③混凝土和砂浆拌和用水、养护用水的水质分析报告。

④混凝土、砂浆的配合比设计报告。

⑤外门窗的出厂合格证、三项性能检测报告。

⑥幕墙的出厂合格证、四项性能检测报告和相容性试验报告。

⑦其他原材料和构配件的出厂合格证、进场检验验收报告。

（11）施工记录资料包括：

①施工日志。

②地基基坑（槽）开挖、回填检查记录，试打桩工艺试验记录和打桩过程检查记录。

③混凝土搅拌、施工和养护记录。

④钢结构吊装安装检查记录。

⑤其他工艺试验记录、施工检查记录。

（12）地基基础和主体结构检测资料包括：

①混凝土试块标准养护、同条件养护抗压强度检测报告和评定结论，砂浆标准养护试块抗压强度检测报告和评定结论。

②桩基工程、地基处理工程和天然地基工程检测报告。

③混凝土结构强度检测报告、钢筋保护层检测报告。

④钢结构焊接质量检测报告。

⑤其他检测报告。

（13）验收资料包括：

①地基基础、主体结构、围护结构各检验批工程质量验收记录。

②地基基础、主体结构、围护结构各分项工程质量验收记录。

③地基基础、主体结构分部（子分部）工程质量验收记录。

④单位（子单位）工程质量控制资料核查记录。

⑤监理单位出具的房屋建筑工程质量评估报告。

⑥勘察单位出具的勘察文件质量检查报告。

⑦设计单位出具的设计文件质量检查报告。

⑧工程竣工验收报告等。

（14）其他资料包括：

①工程质量事故报告，质量事故的处理意见，处理过程的检查、检测资料以及处理后的验收资料。

②工程质量竣工验收备案表（工程质量验收证明书）。

③其他与地基基础、主体结构、围护结构安全性能有关的资料。

（15）维修加固资料宜检查维修加固的时间、原因、措施、效果等。

3.2.2　现场检查内容

现场检查宜检查建筑物使用工况与设计要求的符合程度，施工质量观感和实体的变形、开裂等。

（1）现场检查包括下列内容：

①施工图设计文件与建筑物的符合程度。

②地基基础、主体结构与围护结构的工况。

③结构外观质量，以及影响结构安全性、耐久性的其他项目。

（2）施工图设计文件与建筑物符合程度宜检查下列内容：

①建筑物的面积、层数，平面和立面布置。

②结构构件所在的平面和立面位置。

③构件间的连接方式，节点大样或节点外观。

④围护结构与主体结构的连接方式等。

（3）地基基础与主体结构工况宜检查下列内容：

①使用功能、使用荷载和使用环境。

②靠近河岸、边坡等临空面的场地和地基稳定性。

③地基变形在建筑物上的反应。

④结构构件的变形形态及裂缝情况等。

（4）基础结构构件宜检查几何尺寸，外观质量，变形形态，裂缝的分布、数量、长宽、性质等。

（5）钢结构宜检查下列内容：

①构件连接，构件形心在节点处的交会状况。

②构件尺寸、面积和锈蚀状况。

③螺栓连接的稳定性。

④焊缝高度、长度和外观质量。

⑤支撑系统稳定性。

⑥防腐涂层和防火涂层的防护效果。

⑦构件受力状态等。

（6）非主体结构部分宜检查下列项目的工况：

①屋面排水、防水、保温和隔热设施。

②外门窗和幕墙。

③支承在结构上的管道和设备。

④支承在外墙、屋面的广告牌或其他设施等。

（7）当委托鉴定的项目设计图纸资料不足以开展鉴定时，可根据建筑物实体，现场测绘建筑物的建筑与结构图纸。建筑测绘图应能够反映建筑物的使用功能、平面及空间组织情况，包括各层建筑平面图，必要的立面图、剖面图和节点大样等。结构测绘图应能够反映该建筑物结构体系在平面、竖向的布置情况，包括各层结构平面、构件几何尺寸、节点大样以及围护结构的固定方式等。

第4章 材料的检测与评定

4.1 力学性能的检测与评定

力学性能的检测主要包括钢材力学性能、螺栓连接副力学性能、螺栓球节点用高强度螺栓力学性能、对接焊接接头、钢结构材料力学性能、钢结构紧固件力学性能等。

（1）钢材力学性能的检测项目应包括屈服强度、抗拉强度、伸长率或断面收缩率、冷弯性能、冲击韧性及抗层状撕裂，所选检测项目应根据结构和材料的实际情况及鉴定需求确定。应优先采用在结构构件上直接取样进行试验检测，也可采用其他无损或微损方法进行检测。

（2）螺栓连接副力学性能的检测项目应包括螺栓材料性能、螺母和垫圈硬度。普通螺栓尚应包括螺栓实物最小拉力载荷检验。

（3）螺栓球节点用高强度螺栓力学性能的检测项目应包括拉力荷载试验、硬度试验。

（4）对接焊接接头试验应包括拉伸试验、弯曲试验和冲击试验。

（5）钢结构材料力学性能检验试件的检验项目、试验方法和评定依据应符合表4-1的规定。当检验结果与调查获得的钢材力学性能的基本参数信息不符时，应加倍抽样检验。

表4-1 钢结构材料力学性能检验试件的检验项目、试验方法和评定依据

检验项目	最少取样数量	试验方法	评定依据
屈服强度 规定非比例延伸强度 抗拉强度 断后伸长率 断面收缩率	2	《金属材料 拉伸试验 第1部分：室温试验方法》（GB/T 228.1）	《低合金高强度结构钢》（GB/T 1591）； 《碳素结构钢》（GB/T 700）； 《建筑结构用钢板》（GB/T 19879）

检验项目	最少取样数量	试验方法	评定依据
冷弯	2	《金属材料 弯曲试验方法》（GB/T 232）；《焊接接头弯曲试验方法》（GB/T 2653）	《低合金高强度结构钢》（GB/T 1591）；《碳素结构钢》（GB/T 700）；《建筑结构用钢板》（GB/T 19879）
冲击韧性	3	《金属材料夏比摆锤冲击试验方法》（GB/T 229）；《焊接接头冲击试验方法》（GB/T 2650）	
抗层状撕裂性能		《厚度方向性能钢板》（GB/T 5313）	《厚度方向性能钢板》（GB/T 5313）

（6）钢结构紧固件力学性能检验试件的检验项目、取样数量、试验方法和评定依据应符合表4-2的规定。

表4-2　钢结构紧固件力学性能检验项目、取样数量、试验方法和评定依据

检验项目	最少取样数量	试验方法	评定依据
螺栓楔负载螺母保证载荷螺母和垫圈硬度	3	《钢结构用高强度大六角头螺栓、大六角螺母、垫圈技术条件》（GB/T 1231）；《钢结构用扭剪型高强度螺栓连接副》（GB/T 3632）；《钢网架螺栓球节点用高强度螺栓》（GB/T 16939）	《钢结构用高强度大六角头螺栓、大六角螺母、垫圈技术条件》（GB/T 1231）；《钢结构用扭剪型高强度螺栓连接副》（GB/T 3632）；《钢网架螺栓球节点用高强度螺栓》（GB/T 16939）；《钢结构工程施工质量验收规范》（GB 50205）
螺栓实物最小载荷及硬度		《紧固件机械性能 螺栓、螺钉和螺柱》（GB/T 3098.1）；《紧固件机械性能 螺母》（GB/T 3098.2）	《紧固件机械性能 螺栓、螺钉和螺柱》（GB/T 3098.1）；《紧固件机械性能 螺母》（GB/T 3098.2）；《钢结构工程施工质量验收规范》（GB 50205）

（7）未知牌号钢材的抗拉力学性能应试验确定，每个检验批抽取的试样不应少于3个，并应根据试验结果最小值确定可参考的钢材牌号并推定其性能指标。当根据试验结果无法确定钢材牌号时，该检验批钢材的强度设计值可按屈服强度试验结果最低值的0.85倍确定。

（8）对国产钢材的品种、规格、力学性能应按设计要求进行评定；对进口钢材的力学性能应按设计和合同规定的标准进行评定，并提供详细的实际检测结果。

（9）对焊接接头的力学性能应按设计要求进行评定，并提供详细的实际检测结果。

4.2　化学成分的检测与评定

（1）钢结构原材料化学分析的取样数量、取样方法、评定依据及允许偏差应符合表 4-3 的规定。

表 4-3　钢结构材料化学分析的取样数量、取样方法、评定依据及允许偏差

材料种类	取样数量（个/批）	取样方法及成品化学成分允许偏差	评定依据
钢板钢带型钢	1	《钢和铁 化学成分测定用试样的取样和制样方法》（GB/T 20066）；《钢的成品化学成分允许偏差》（GB/T 222）	《碳素结构钢》（GB/T 700）；《低合金高强度结构钢》（GB/T 1591）；《合金结构钢》（GB/T 3077）；《桥梁用结构钢》（GB/T 714）；《建筑结构用钢板》（GB/T 19879）；《耐候结构钢》（GB/T 4171）；《厚度方向性能钢板》（GB/T 5313）
钢丝钢丝绳	1	《钢和铁 化学成分测定用试样的取样和制样方法》（GB/T 20066）；《钢的成品化学成分允许偏差》（GB/T 222）；《钢丝验收、包装、标志及质量证明书的一般规定》（GB/T 2103）	《低碳钢热轧圆盘条》（GB/T 701）；《焊接用钢盘条》（GB/T 3429）；《焊接用不锈钢盘条》（GB/T 4241）；《熔化焊用钢丝》（GB/T 14957）
钢管铸管	1	《钢的成品化学成分允许偏差》（GB/T 222）；《钢和铁 化学成分测定用试样的取样和制样方法》（GB/T 20066）	《结构用不锈钢无缝钢管》（GB/T 14975）；《结构用无缝钢管》（GB/T 8162）；《直缝电焊钢管》（GB/T 13793）；《焊接结构用钢铸件》（GB/T 7659）

（2）由于事故、灾害等原因，钢材材质可能有变化或某元素含量发生变化时，应取样进行化学分析。取样方法、评定依据及成品化学成分允许偏差应符合表 4-3 的规定。

（3）当不能确定被检钢材是否符合对应的国家现行产品标准时，应进行化学分析。

4.3　有缺陷和损伤部位的检查与监测

（1）主要构件及主要节点有缺陷和损伤部位钢材的表面质量应进行全数检查与检测。

（2）工程事故或灾害后的钢结构，其主要构件及主要节点受损部位的钢材、紧固件和其他节点零件，应进行全数检查与检测。

（3）高强度螺栓的缺陷可采用表面质量检测的方法检测，抽样数量不应少于8个/批。

（4）表面质量检测宜采用低倍放大镜观察、磁粉探伤或渗透探伤方法。

（5）厚度大于或等于6mm的钢材，可采用超声波探伤检测。

4.4　钢材金相检测与评定

（1）钢材金相检测可采用现场覆膜金相检测法或便携式显微镜现场检测法，取样部位宜在开裂、应力集中、过热、变形或其他怀疑有材料组织变化的部位。

（2）对于可以现场取样的钢结构构件，应对有代表性的部位采用现场破损切割的方法取样，进行实验室宏观、微观、断口等金相检测。

（3）钢材金相检测及评定应符合现行国家标准《金属显微组织检验方法》（GB/T 13298）、《钢的显微组织评定方法》（GB/T 13299）、《钢的低倍组织及缺陷酸蚀检验法》（GB/T 226）、《结构钢低倍组织缺陷评级图》（GB/T 1979）、《金属熔化焊接头缺欠分类及说明》（GB/T 6417.1）和《钢材断口检验法》（GB/T 1814）的规定。

第5章 钢构件的检测与评定

5.1 一般规定

钢构件宜划分为柱构件、梁构件、杆构件、板构件和柔性构件。钢构件的检测内容主要包括几何尺寸、制作安装偏差与变形、缺陷与损伤、构造与连接、涂装和腐蚀。

钢构件检测抽样数量可根据检测项目的特点，按照下列原则确定：

（1）构件外部缺陷与损伤、涂装和腐蚀宜全数普查。

（2）构件几何尺寸、制作安装偏差与变形应根据现场实际情况确定抽样数量与位置。

（3）构件的构造与连接应选择对结构安全影响大的部位进行检测。

对于下列情况，检测对象可以是单个构件或部分构件，但检测结论不得扩大到未检测的构件或范围：

（1）委托方指定的检测对象或范围。

（2）因环境侵蚀或火灾、水灾、爆炸、高温及人为等因素造成部分损伤的构件。

5.2 钢构件的检测

钢构件尺寸偏差的检测应符合下列规定：

（1）构件的几何尺寸应包括构件轴线或中心线尺寸、主要零部件布置定位尺寸及零部件规格尺寸。

（2）尺寸检测的范围应包括所抽样构件的全部几何尺寸，每个尺寸在构件的3个部位测量，取3处实测值的平均值作为该尺寸的代表值。

（3）尺寸测量仪器应经过计量认证并在有效期内。

（4）钢构件的尺寸偏差应以最终设计文件规定的尺寸为基准进行计算。

钢构件变形与安装偏差的检测应符合下列规定：

（1）构件变形检测的内容应包括构件垂直度、弯曲变形、扭曲变形、跨中挠度。

（2）钢构件的垂直度、侧向弯曲矢高、扭曲变形应根据测点间相对位置差计算。

钢构件缺陷与损伤检测的内容应包括裂纹、局部变形、人为损伤、腐蚀等项目，并应符合下列规定：

（1）钢构件表面的裂纹与人为损伤可采用观察和渗透的方法检测，钢构件的内部裂纹可采用超声波探伤法或射线法检测。

（2）钢构件的局部变形可用观察和尺量的方法检测。

（3）钢构件的腐蚀可按第5.3节的规定进行检测。

钢构件长细比、板件截面宽厚比应按钢构件尺寸偏差测定的构件实际几何尺寸进行核算。

拉索、拉杆的检测应符合下列规定：

（1）拉索和拉杆的张力应采用专门的检测仪器检测，并以不少于3次测试的平均值作为最终测试值。

（2）拉索检测应包括索中断丝数量和最小转弯半径。

构件静力荷载试验检验的内容、方法和方案依据相应技术标准确定。

5.3　钢构件的腐蚀检测

钢构件腐蚀检测的内容应包括腐蚀损伤程度、腐蚀速度。

钢构件腐蚀损伤程度检测应符合下列规定：

（1）检测前，应先清除待测表面积灰油污、锈皮。

（2）对均匀腐蚀情况，测量腐蚀损伤板件的厚度时，应沿其长度方向选取3个腐蚀较严重的区段，且每个区段选取8~10个测点测量构件厚度，取各区段量测厚度的最小算术平均值，作为该板件的实际厚度，腐蚀严重时，测点数应适当增加。

（3）对局部腐蚀情况，测量腐蚀损伤板件的厚度时，应在其腐蚀最严重的部位选取1~2个截面，每个截面选取8~10个测点测量板件厚度，取各截面测量厚度的最小算术平均值，作为板件实际厚度，并记录测点的位置，腐蚀严重时，测点数可适当增加。

板件腐蚀损伤量应取初始厚度减去实际厚度。初始厚度应根据构件未腐蚀部分的实测厚度确定。在没有未腐蚀部分的情况下，初始厚度应取下列两个计算值的较大者：

（1）所有区段全部测点的算术平均值加上 3 倍的标准差。

（2）公称厚度减去允许负公差的绝对值。

构件后期的腐蚀速度可根据构件当前腐蚀程度、受腐蚀的时间以及最近腐蚀环境扰动等因素综合确定，并可结合结构的后续目标使用年限，判断构件在后续目标使用年限内的腐蚀残余厚度。

对于均匀腐蚀，当后续目标使用年限内的使用环境基本保持不变时，构件的腐蚀耐久性年限可根据剩余腐蚀牺牲层厚度、以前的年腐蚀速度确定。

5.4　钢构件的涂装防护检测

钢构件涂装防护检测的内容应包括涂层检测和拉索外包裹防护层检测。

涂层检测的项目应包括外观质量、涂层完整性、涂层厚度。检测抽样应符合下列规定：

（1）钢构件涂层外观质量可采用观察检查，宜全数普查。

（2）涂层裂纹可采用观察检查和尺量检查，构件抽查数量不应少于 10%，且不应少于 3 根。

（3）涂层完整性可采用观察检查，宜全数普查。

（4）涂层厚度可采用干膜测厚仪检测，构件抽查数量不应少于 10%，且不应少于 3 根。

拉索外包裹防护检测应包括拉索外包裹防护层外观质量和索夹填缝，可采用观察检查，宜全数普查。

5.5　钢构件的评定

5.5.1　钢构件安全性鉴定

钢构件安全性鉴定应按承载力、构造两个基本项目分别评定等级，并应取其中的较低等级作为安全性鉴定等级。当构件存在严重缺陷、过大变形、显著损伤和严重腐蚀等状况时，可按其严重程度评定变形与损伤等级，然后取承载力、构造和变形与损伤的最低评定等级，作为安全性的鉴定等级。

钢构件承载力全等级应根据构件的抗力设计值 R 和作用效应组合设计值 S 及结构重要性系数 γ_0，按表 5-1 的规定评定。

表 5-1 钢构件承载力安全等级

等级	a_u	b_u	c_u	d_u
主要构件及 连接或节点 $R/(\gamma_0 S)$	≥1.00	<1.00 且≥0.95	<0.95 且≥0.90	<0.90
一般构件及连接或 节点 $R/(\gamma_0 S)$	≥1.00	<1.00 且≥0.92	<0.92 且≥0.87	<0.87

注：1. 表中构件抗力设计值 R 和作用效应组合设计值 S 应按《高耸与复杂钢结构检测与鉴定标准》（GB 51008—2016）第 3.1.10 条的要求确定；结构重要性系数 γ_0 应按《高耸与复杂钢结构检测与鉴定标准》（GB 51008—2016）第 3.1.7 条的规定取用。

2. 吊车梁的疲劳性能应根据疲劳验算结果、已使用年限和吊车系统的损伤程度进行评级，不受表中数值限制。

腐蚀钢构件按表 5-1 评定其承载力安全等级时，应按下列规定确定腐蚀对钢材性能和截面损失的影响：

（1）当腐蚀损伤量不超过初始厚度的 25% 且残余厚度大于 5mm 时，可不考虑腐蚀对钢材强度的影响；对于普通钢结构，当腐蚀损伤量超过初始厚度的 25% 或残余厚度不大于 5mm 时，钢材强度应乘以 0.8 的折减系数；对于冷弯薄壁钢结构，当截面腐蚀大于 10% 时，钢材强度应乘以 0.8 的折减系数。

（2）强度和整体稳定性验算时，构件截面面积和截面模量的取值应考虑腐蚀对截面的削弱。

（3）疲劳验算时，当构件表面发生明显的锈坑，但腐蚀损伤量不超过初始厚度的 5% 时，构件疲劳计算类别不得高于 4 类；当腐蚀损伤量超过初始厚度的 5% 时，构件疲劳计算类别不得高于 5 类。

钢构件构造等级应按表 5-2 的规定评定。

表 5-2 钢构件构造等级

等级	a_u 级或 b_u 级	c_u 级或 d_u 级
评定内容	构件连接方式正确，构件和连接构造符合设计要求，无缺陷或仅有局部的表面缺陷，工作无异常	构件连接方式不当，构件和连接构造有严重缺陷；构造或连接有裂缝或锐角切口；焊缝、螺栓、铆钉有变形、滑移或其他损坏

当钢构件呈现下列状态时，可直接评定其变形与损伤等级：

（1）当构件存在裂纹或部分断裂时，应根据损伤程度评定为 c_u 级或 d_u 级。

（2）当吊车梁受拉区或吊车桁架受拉杆及其节点板有裂纹时，应根据损伤程度评定为 c_u 级或 d_u 级。

（3）当钢桁架屋架或托架的实测挠度大于其计算跨度的 1/400，在承载力验算时，应考虑由于挠度产生的附加应力的影响，并按下列原则评级：

①当验算结果可评定为 b_u 级时，宜附加观察使用一段时间的限制。

②当验算结果低于 b_u 级时，可根据其实际严重程度评定为 c_u 级或 d_u 级。

（4）当钢桁架顶点的实测侧向位移大于其计算高度的 1/200 且有可能发展时，应评定为 c_u 级。

（5）钢桁架中有整体弯曲缺陷但无明显局部缺陷的双角钢受压腹杆，其杆件整体弯曲实测值超过表 5-3 中的限值时，可根据实际情况和对其承载力的影响程评为 c_u 级或 d_u 级。

表 5-3　双角钢受压腹杆双向弯曲缺陷实测值限值

σ	双向弯曲限值						
	方向	弯曲矢高与杆件长度之比（Δ/l）					
1.0f	Δ_x/l	1/400	1/500	1/700	1/800	—	—	—
	Δ_y/l	0	1/1000	1/900	1/800	—	—	—
0.9f	Δ_x/l	1/250	1/300	1/400	1/500	1/600	1/700	1/800
	Δ_y/l	0	1/1000	1/750	1/650	1/600	1/550	1/500
0.8f	Δ_x/l	1/150	1/200	1/250	1/300	1/400	1/500	1/800
	Δ_y/l	0	1/1000	1/600	1/550	1/450	1/400	1/350
0.7f	Δ_x/l	1/100	1/150	1/200	1/250	1/300	1/400	1/800
	Δ_y/l	0	1/750	1/450	1/350	1/300	1/250	1/250
0.6f	Δ_x/l	1/100	1/150	1/200	1/250	1/500	1/700	1/800
	Δ_y/l	0	1/300	1/250	1/200	1/180	1/170	1/170

注：1. Δ_x 为平面内弯面，Δ_y 为平面外弯曲，f 为材料强度设计值，l 为杆件长度。

2. $\sigma = N/(\varphi A)$。

（6）其他受弯构件因挠度过大或几何偏差造成变形时，应按表 5-4 的规定评级。

表 5-4　按受弯构件实测变形评定等级

检查项目	构件类别			c_u 级或 d_u 级
挠度	主要构件	网架	屋盖短向	$>l_s/200$，且可能发展
			楼盖短向	$>l_s/250$，且可能发展
		主梁、托梁		$>l_0/300$，且可能发展
	一般构件	其他梁		$>l_0/180$，且可能发展
		檩条等		$>l_0/120$，且可能发展
侧向弯曲矢高	深梁			$>l_0/660$，且可能发展
	一般实腹梁			$>l_0/500$，且可能发展

注：l_0 为构件计算跨度，l_s 为网架短向计算跨度。

（7）当柱顶实测水平位移或倾斜大于表 5-5 的限值时，应按下列规定评级：

①当构件出现明显变形或其他屈曲迹象时，应根据其严重程度评定为 c_u 级或 d_u 级。

②当构件未出现明显变形或其他屈曲迹象时，应考虑该位移进行结构内力分析，按5.5.1节的规定评级，当验算结果可评定为 b_u 级时，但宜附加观察使用一段时间的限制，当该位移尚在发展时，应直接定为 d_u 级。

表 5-5　钢结构柱顶侧向位移限值

结构类别	顶点位移	层间位移
单层建筑	$H/400$	—
多高层建筑	$H/450$	$H_i/350$

注：H 为结构顶点高度；H_i 为层高。

（8）当柱的实测弯曲矢高大于柱自由长度的 1/660 或 10mm 时，应在其承载力验算中考虑弯曲引起的附加弯矩的影响，并应按5.5.1节的规定评级。

（9）腐蚀的钢构件除应按5.5.1节评定其承载力等级外，尚应按表5-6的规定对其腐蚀状态严重程度进行变形与损伤等级评定。

表 5-6　钢构件腐蚀状态安全等级

等级	c_u	d_u
钢构件	构件截面平均腐蚀深度 Δt 大于 0.05t，但不大于 0.1t	构件截面平均腐蚀深度 Δt 大于 0.1t
拉索	构件表面出现中等大小不规则小坑	构件表面出现严重密布的中等大小凹坑或钢丝断裂

注：t 为腐蚀部位构件原截面的壁厚或钢板的板厚。

在下列情况下，构件宜通过载荷试验进行安全性鉴定：

（1）按现有计算手段尚不能准确评定构件的安全性。

（2）构件验算缺少应有的参数。

5.5.2　钢构件适用性鉴定

钢构件适用性鉴定应按变形、制作安装偏差、构造、损伤、防火涂层质量等项目分别评定等级，并应取其中最低等级作为适用性鉴定等级。

受弯构件的适用性按变形计算结果评定时，应按表5-7的规定评定，且应符合下列规定：

（1）吊车梁和吊车桁架的挠度应为其自重和起重量最大的一台吊车作用下的挠度值。

（2）表中 a_s 级不带括号的数值应为永久和可变荷载标准值产生的变形值，当有起拱或下挠时，应减去或加上起拱或下挠值，带括号的数值为可变荷载标准值产生的变形值。

（3）当构件变形达到 c_s 级时，应考虑变形引起的附加内力对构件承载力的影响。

表 5-7　受弯构件按变形评定适用性等级

构件类别		a_s	b_s	c_s
楼、屋盖梁或桁架，工作平台梁和平台板	主梁或桁架，包括有悬挂起重设备的梁和桁架	$\leq l/400$（$\leq l/500$）	略大于 a_s 级变形，功能无影响	大于 a_s 级变形，功能有影响
	次梁	$\leq l/250$（$\leq l/350$）		
	其他梁，包括楼梯梁	$\leq l/250$（$\leq l/350$）		
	平台板	$\leq l/150$		
轨道梁和设有轨道的平台工作梁	手动或电动葫芦的轨道梁	$\leq l/400$		
	有重轨轨道的工作平台梁	$\leq l/600$		
	有轻轨轨道的工作平台梁	$\leq l/400$		
吊车梁、吊车桁架	手动吊车和单梁吊车，含悬挂吊车	$\leq l/500$	略大于 a_s 级变形，吊车运行无影响	大于 a_s 级变形，吊车运行有影响
	轻级工作制桥式吊车	$\leq l/800$		
	中级工作制桥式吊车	$\leq l/1000$		
	重级工作制桥式吊车	$\leq l/1200$		
支撑	挠曲矢高	$\leq l/1000$ 且 $\leq 10mm$	略大于 a_s 级变形，正常使用无明显影响	大于 a_s 级变形，正常使用有影响

注：l 为受弯构件跨度，悬臂梁取其悬臂长度的 2 倍。

钢柱的适用性等级按水平位移或倾斜的检测或计算结果评定时，应按表 5-8 的规定执行，同时，应按表 5-9 的规定评定风荷载作用下钢柱的适用性等级，并应取较低等级作为钢柱的适用性等级。按表 5-8 的规定评定时，尚应符合下列规定：

（1）在设有 A8 级吊车的厂房中，厂房柱 a_s 级位移限值应减小 10%。

（2）柱的位移或倾斜应为最大的一台吊车水平荷载作用下的水平位移值。

（3）当构件变形达到 c_s 级时，应考虑变形引起的附加内力对构件承载力的影响。

表5-8　钢柱按检测或计算的水平位移评定适用性等级

构件类型		a_s	b_s	c_s
单层框架柱或单层厂房	有吊车厂房柱横向位移	≤H_T/1250	大于a_s级变形,但不影响吊车运行	大于a_s级变形,影响吊车运行
	无吊车厂房柱横向位移	≤H/1000;H>10m时≤25mm	>H/1000,≤H/700;H>10m时>25mm,≤35mm	>H/700,或H>10m时>35mm
	厂房柱纵向位移	≤H/4000	大于a_s级变形,但不影响吊车运行	大于a_s级变形,影响吊车运行
多高层框架柱或多层厂房	层间位移	≤H_i/1250	>H_i/400,≤H_i/350	>H_i/350
	顶点位移	≤H/500	>H/500,≤H/450	>H/450
	柱倾斜	≤H/1000;H>10m时≤35mm	>H/1000,≤H/700;H>10m时>35mm,≤45mm	>H/700,或H>10m时>45mm

注：H_T 为基础顶面至吊车梁或吊车桁架顶面的高度，H 为结构顶点高度，H_i 为第 i 层层间高度。

表5-9　风荷载作用下钢框架柱按柱顶水平位移评定适用性等级

结构类型		a_s	b_s	c_s
多高层框架柱两端相对位移		≤H_i/300	略大于a_s级的允许值,对正常使用无明显影响	大于a_s级的允许值,造成装修裂损,影响正常使用
单层框架柱顶点位移	有吊车	≤H/400	略大于a_s级的允许值,对吊车运行无影响	大于a_s级的允许值,影响吊车运行
	无吊车	≤H/150	略大于a_s级的允许值,对正常使用无明显影响	大于a_s级的允许值,影响正常使用

注：H_i 为第 i 层层间高度，H 为结构顶点高度。

钢构件适用性等级按制作安装偏差检测结果评定时，应按表5-10的规定评定。

表5-10　钢构件按制作安装偏差评定适用性等级

项目名称	a_s	b_s	c_s
天窗架、屋架和托架的不垂直度	不大于高度的 1/250,且不大于15mm	略大于a_s级的允许值,且不影响使用功能	大于a_s级的允许值,影响使用功能
受压杆件在主受力平面的弯曲矢高	不大于杆件自由长度的1/1000,且不大于10mm	不大于杆件自由长度的1/660	大于杆件自由长度的1/660
实腹梁的侧弯矢高	不大于构件跨度的1/660	略大于构件跨度的1/660,不影响使用功能	大于构件跨度的1/660
吊车轨道中心与吊车梁轴线偏差	≤t/2（t 为腹板厚度）	>t/2,≤20mm	>20mm

受拉钢构件适用性等级按长细比检测结果评定时，应按表 5-11 的规定评定。

表 5-11　受拉钢构件按长细比评定适用性等级

构件类型		a_s	b_s	c_s
主要受拉构件	桁架拉杆	≤350	略大于 a_s 级的允许值，对正常使用无明显影响	大于 a_s 级的允许值，显著影响正常使用
	网架支座附近拉杆、吊车梁或吊车桁架以下的柱间支撑	≤300		
一般受拉构件		≤400		

钢构件适用性等级按机械物理损伤和高温检查结果评定时，应按表 5-12 的规定评定。

表 5-12　钢构件按机械物理损伤和高温检查结果评定适用性等级

评定项目	a_s	b_s	c_s
机械物理损伤或高温	构件表面温度 ≤100℃，构件局部弯曲不超过设计标准允许的最大值	构件表面温度 ≤100℃，构件局部弯曲超过设计标准允许的最大值，但不大于 5mm	构件表面温度 >100℃，构件局部弯曲大于 5mm

钢构件适用性等级按防火涂层检查结果评定时，应根据防火涂层外观质量、涂层完整性、涂层厚度三个基本项目的最低适用性等级确定，三个基本项目适用性等级应按表 5-13 规定评定。

表 5-13　钢构件按防火涂层检查结果评定适用性等级

评定项目	a_s	b_s	c_s
防火涂层外观质量	涂层无空鼓、开裂、脱落、霉变、粉化等现象	涂层局部开裂，薄型涂料涂层裂纹宽度不大于 0.5mm，厚型涂料涂层裂纹宽度不大于 1.0mm，边缘局部脱落，对防火性能无明显影响	涂层开裂，薄型涂料涂层裂纹宽度大于 0.5mm，厚型涂料涂层裂纹宽度大于 1.0mm，重点防火区域涂层局部脱落，对结构防火性能产生明显影响
涂层完整性	涂层完整	涂层完整程度达到 70%	涂层完整程度低于 70%
涂层厚度	厚度符合设计要求	厚度小于设计要求，但小于设计厚度的测点数不大于 10%，且测点处实测厚度不小于设计厚度的 90%；厚涂型防火涂料涂层，厚度小于设计厚度的面积不大于 20%，且最薄处厚度不小于设计厚度的 85%，厚度不足部位的连续长度不大于 1m，并在 5m 范围内无类似情况	达不到 b_s 的要求

5.5.3 钢构件耐久性鉴定

钢构件耐久性鉴定应根据防腐涂层或外包裹防护质量及腐蚀两个基本项目分别评定等级，并应取其中较低等级作为其耐久性鉴定等级。

钢构件耐久性等级按防腐涂层或外包裹防护质量检测结果评定时，应根据防腐涂层外观质量、涂层完整性、涂层厚度、外包裹防护四个基本项目的最低耐久性等级确定，四个基本项目的耐久性等级应按表 5-14 的规定评定。

表 5-14　钢构件按防腐涂层或外包裹防护评定耐久性等级

基本项目	a_d	b_d	c_d
防腐涂层外观质量	涂层无皱皮、流坠、针眼、漏点、气泡、空鼓、脱层；无变色、粉化、霉变、起泡、开裂、脱落，构件无生锈	涂层有变色、失光，起微泡面积小于 50%，局部有粉化、开裂和脱落，构件轻微点蚀	涂层严重变色、失光，起微泡面积超过 50% 并有大泡，出现大面积粉化、开裂和脱落，涂层大面积失效，构件腐蚀
涂层完整性	涂层完整	涂层完整程度达到 70%	涂层完整程度低于 70%
涂层厚度	厚度符合设计要求	厚度小于设计要求，但小于设计厚度的测点数不大于 10%，且测点处实测厚度不小于设计厚度的 90%	达不到 b_d 级的要求
外包裹防护	满足设计要求，包裹防护无损坏，可继续使用	基本满足设计要求，包裹防护有少许损伤，维修后可继续使用	不满足设计要求，包裹防护有损坏，经返修、加固后方可继续使用

钢构件耐久性等级按腐蚀检测结果评定时，应按表 5-15 的规定评定。

表 5-15　钢构件按腐蚀检测结果评定耐久性等级

基本项目	a_d	b_d	c_d
腐蚀状态	钢材表面无腐蚀	底层有腐蚀，钢材表面有麻面状腐蚀，平均腐蚀深度超过 $0.05t$ 但小于 $0.1t$，可不考虑对构件承载力的影响	钢材严重腐蚀，发生层蚀、坑蚀现象，平均腐蚀深度超过 $0.1t$，对构件承载力有影响

注：t 为板件厚度。

第 6 章　既有钢结构连接与节点检测与评定

6.1　既有钢结构的连接检测

6.1.1　一般规定

连接和节点的检测内容应包括连接和节点的几何特征、缺陷和变形与损伤、腐蚀状况、节点的功能状态以及材料性能。

连接和节点检测前，应清除检测部位表面的油污、浮锈和其他杂物。

连接和节点的腐蚀与涂装防护可按本书第 5.3 节和第 5.4 节的规定进行检测。

在下列情况下，连接和节点宜通过试验进行可靠性鉴定：

（1）按现有计算手段尚不能准确评定连接和节点的可靠性。

（2）连接和节点验算缺少应有的参数。

6.1.2　焊缝连接的检测与鉴定

焊缝检测的内容应包括焊缝质量、焊缝构造及其尺寸、焊缝腐蚀、开裂状况以及力学性能。

焊缝检测的抽样应符合下列规定：

（1）结构关键部位焊缝的检测，应全数普查和目测外观质量。

（2）对外观质量检查有疑问的焊缝，应进行无损探伤，主要焊缝抽样比率不应少于 10%，一般焊缝抽样比率不应少于 5%，且均不应少于 3 处。

（3）焊缝长度每 300mm 应定义为 1 处，小于或等于 300mm 者，每条焊缝为 1 处。

（4）其他部位焊缝的检测，焊缝抽样比率不宜少于 2%，且均不应少于 3 处。

（5）抽样位置应覆盖结构的关键受力部位、大部分区域以及不同的焊缝形式。

焊缝尺寸应包括焊缝长度、焊缝余高，角焊缝尚应包括焊脚尺寸。测量焊缝余高和焊脚尺寸时，应沿每处焊缝长度方向均匀量测3点，取其算术平均值作为实际尺寸。焊缝的细部构造可采用目测检查。

焊缝质量检测内容应包括角焊缝的外观质量、对接焊缝的外观质量和内部缺陷，检测应按下列要求进行：

（1）焊缝外观质量的检测宜采用辅以放大镜的目测，当目测不能满足检测要求时，可采用磁粉探伤或渗透探伤。

（2）对接焊缝内部质量的检测可采用超声波无损检测法，当超声波检测不适用时，可采用射线探伤检测。

焊缝安全性应按承载力和构造两个项目分别评定等级，并应取其中的较低等级作为安全性等级。腐蚀严重的焊缝，应测量其剩余长度和剩余厚度。计算焊缝承载力时，应考虑焊缝受力条件改变及腐蚀损失的不利影响，且应符合下列规定：

（1）焊缝的承载力安全等级应区分焊缝为主要焊缝或一般焊缝，按表5-1的规定计算评定。

（2）焊缝细部构造及尺寸等级应按其是否符合现行国家标准《钢结构设计标准》（GB 50017）的规定进行评定。若符合，可评定为 a_u 级；若基本符合，可评定为 b_u 级；若不符合，根据其不符合程度评定为 c_u 级或 d_u 级。

当焊缝出现下列情况之一时，可评定为 c_u 级或 d_u 级：

（1）焊缝检测部位出现裂纹或外观质量低于现行国家标准《钢结构设计标准》（GB 50017）规定的三级焊缝的要求。

（2）受疲劳作用的焊缝出现不符合现行国家标准《钢结构设计标准》（GB 50017）规定的质量要求的缺陷。

（3）最小焊脚尺寸或最小焊缝长度不符合现行国家标准《钢结构设计标准》（GB 50017）的规定。

（4）焊缝质量等级或构造要求不符合现行国家标准《钢结构设计标准》（GB 50017）的规定。

6.1.3　螺栓和铆钉连接的检测与鉴定

螺栓和铆钉连接检测的内容应包括连接的构造及尺寸、变形及损伤、腐蚀状况、螺栓和铆钉等级。当不能确定等级时，可取样进行力学性能检验。

螺栓和铆钉连接检测的抽样应符合下列规定：

（1）检测的抽检比率不应少于同类节点数的 10%，且不应少于 3 个节点，抽查位置应覆盖结构的大部分区域以及不同连接形式的区域；同类节点总数不足 10 个时，应全数检查；每个抽查节点检测的螺栓和铆钉数不应少于 10%，且不应少于 3 个。

（2）有损伤的节点和指定检测的节点，应全数检查。

螺栓和铆钉连接的尺寸和构造的检测应包括螺栓和铆钉的规格、孔径、间距、边距，螺栓和铆钉的质量等级、数量、排列方式、节点板尺寸和构造；高强度螺栓连接尚应包括螺母数量、螺栓露出螺母的长度、节点板及母材的厚度。

螺栓和铆钉连接的变形及损伤的检测应包括螺杆或铆钉断裂、弯曲，螺栓和铆钉脱落、松动、滑移，连接板栓孔挤压破坏，腐蚀程度。

螺栓和铆钉连接的安全性应按承载力和构造两个项目分别评定等级，并应取其中的较低等级作为安全性鉴定等级，且应符合下列规定：

（1）普通螺栓和铆钉连接的承载力等级应按表 5-1 的规定计算评定。

（2）高强螺栓连接的承载力等级应按表 5-1 主要连接的规定计算评定。

（3）螺栓和铆钉连接的构造及尺寸等级应按其是否符合设计规定进行评定。若符合，评定为 a_u 级；若基本符合，评定为 b_u 级；若不符合，根据其不符合程度评定为 c_u 级或 d_u 级。

当单个螺栓或铆钉出现下列变形或损伤之一时，该螺栓或铆钉连接的安全性等级可评定为 c_u 级或 d_u 级：

（1）螺栓或铆钉断裂、弯曲、松动、脱落、滑移。

（2）螺栓或铆钉头严重腐蚀。

（3）连接板出现翘曲或连接板上部分螺栓孔挤压破坏。

螺栓和铆钉连接的适用性等级应根据其变形和损伤状况按表 6-1 的规定评定。

表 6-1　螺栓和铆钉连接的适用性等级

等级	a_s	b_s	c_s
评定内容	无变形，无损伤，无滑移或松动	有不明显变形，有轻微损伤，无滑移或松动	有变形，有明显损伤，有松动、滑移或个别脱落与断裂

6.2 既有钢结构的节点检测

6.2.1 节点检测的内容

节点检测的内容见表6-2。

表 6-2 节点检测的内容

序号	节点类型	检测内容
1	构件拼接节点、梁柱节点、梁梁节点、支撑节点	构件定位，连接板和加劲肋的尺寸与定位，制作安装偏差、变形，节点腐蚀状况
2	吊车梁节点	连接板和加劲肋的尺寸与定位，制作安装偏差与变形，梁端节点位置，轨道中心与吊车梁腹板中心偏差，轨道连接状况，支座变形，支座垫板磨损，车挡变形，节点腐蚀状况
3	网架螺栓球节点和焊接球节点	节点零件尺寸，锥头或封板变形与损伤，球壳变形与损伤，节点腐蚀状况
4	钢管相贯焊接节点	主管和支管直径、壁厚、相贯角度，搭接长度和偏心，主管和支管的焊缝构造、焊缝长度和高度，加劲肋和加强板的尺寸和位置，节点板变形，节点腐蚀状况
5	拉索节点	拉索和锚具的材料特性，锚具形状和尺寸，拉索与锚具间的滑移，拉索和锚具的损伤，拉索断丝状况，锚塞密实程度，节点工作状态，节点腐蚀状况
6	铸钢节点	节点几何形状和尺寸，节点材料特性，节点外观质量，节点内部缺陷，节点腐蚀状况

6.2.2 支座节点检测的内容

（1）支座节点的整体与细部构造。
（2）支座加劲肋的尺寸、布置、制作安装偏差、变形与损伤。
（3）支座销轴和销孔的尺寸、制作安装偏差、变形与损伤。
（4）支座变形、移位与沉降。
（5）支座的工作性能和状态。
（6）橡胶支座的变形与老化程度。
（7）支座构造与结构计算模型的一致性。
（8）支座节点腐蚀状况。

6.2.3 节点检测的抽样

抽检比率不应少于同类节点数的 5%，且不应少于 3 个节点；对于网架螺栓球节点每种规格不应少于 5 个，抽查位置应覆盖结构的大部分区域以及不同节点形式的区域；同类节点总数不足 10 个时，应全数检查；有损伤的节点和指定检测的节点应全数检查；支座节点、柱脚应全数检查；当发现节点有影响结构承载力的严重缺陷时，应全数检测。

6.3 既有钢结构连接与节点评定

节点的安全性鉴定应按承载力、构造和连接三个项目分别评定等级，并应取其中的最低等级作为安全性鉴定等级，且应符合下列规定：

（1）节点的承载力安全性等级应按表 5-1 的规定计算评定。

（2）节点构造等级应按其是否符合设计或现行国家标准《钢结构设计标准》（GB 50017）的规定进行评定。若符合，可评定为 a_u 级；若基本符合，可评定为 b_u 级；若不符合，根据其不符合程度评定为 c_u 级或 d_u 级。

（3）节点连接等级应按第 6.1.2 节和第 6.1.3 节的规定评定。

当节点出现下列状况之一时，可评定为 c_u 级：

（1）焊接球节点表面出现可见变形。

（2）螺栓球节点受压杆套筒松动。

（3）拉索锚固节点中断丝数达到 5%。

（4）拉索锚固节点锚塞出现可观察到的渗水裂缝。

（5）拉索中钢丝出现肉眼可见的明显腐蚀损伤。

（6）拉索节点处拉索保护层出现明显损伤。

当节点出现下列状况之一时，可评定为 d_u 级：

（1）节点中的传力螺栓或锚栓连接为 d_u 级。

（2）节点中的传力焊缝连接为 d_u 级。

（3）连接板开裂、屈曲、翘曲或严重变形。

（4）主要受力加劲肋开裂、屈曲、翘曲或严重变形。

（5）螺栓、节点板或焊缝严重腐蚀。

（6）螺栓球节点锥头或封板出现裂纹。

（7）焊接球节点表面出现裂纹或明显凹陷。

（8）焊接相贯节点出现裂纹或构件出现可见屈曲变形。

（9）铸钢节点出现裂纹。

（10）拉索节点锚具出现裂纹。

（11）高强度螺栓摩擦型连接出现滑移变形。

（12）拉索与锚具间出现可观察到的滑移。

节点的适用性等级应根据其变形和损伤状况及功能状态按表6-3的规定评定。

表6-3　钢结构节点的适用性等级

等级	a_s	b_s	c_s
评定内容	无变形，无损伤，节点功能状态满足要求，支座节点最大变形满足要求	有不明显变形或轻微损伤，节点功能状态基本满足要求，支座节点最大变形满足要求	有明显变形或损伤，节点功能状态不满足要求，支座节点最大变形不满足要求

节点的耐久性等级可根据其腐蚀及表面涂层状况按第5.5.3节的规定评定。

第7章 结构性能实荷检验与动测

7.1 结构性能实荷检验

7.1.1 一般规定

（1）建筑结构和构件的结构性能可按本节内容进行静力荷载检验。

（2）结构性能的静力荷载检验可分为适用性检验、荷载系数或构件系数检验、综合系数或可靠指标检验。

（3）结构性能检验应制订详细的检验方案。

7.1.2 检验方案

（1）结构性能检验的检验装置、荷载布置和测试方法等应根据设计要求和构件的实际情况综合确定。

（2）结构性能检验的荷载布置和测试仪器应能满足检验的要求。

（3）结构性能检验的荷载应通过计算分析确定，在分析结构构件的变形和承载力时宜使用尺寸参数和材料参数的实际数值。对于特定的构件应对计算公式进行符合实际情况的调整。

（4）检验荷载应分级施加，每级荷载不宜超过最大检验荷载的20%。

（5）正式检验前应施加一定的初荷载。

（6）加载过程中应进行构件变形的测试，并应区分支座沉降变形等的影响。

（7）达到检验的最大荷载后，应持荷至少1h，且应每隔15min测取一次荷载和变形值，直到变形值在15min内不再明显增加为止。存取数据后应分级卸载，并应在每一级荷载和卸载全部完成后测取变形值。

（8）当检验用模型的材料与所模拟结构或构件的材料性能有差别时，应分析材料性能差别的影响。

（9）检验方案应预判结构可能出现的变形、损伤、破坏，并应制订相关的应急预案。

7.1.3 适用性检验

结构构件适用性的检验荷载应符合下列规定：

（1）结构自重的检验荷载应符合下列规定：

①检验荷载不宜考虑已经作用在结构或构件上的自重荷载，当有特殊需要时可考虑受到水影响后这部分自重荷载的增量。

②检验荷载应包括未作用在结构上的自重荷载，并宜考虑 1.1～1.2 的超载系数。

（2）检验荷载中长期堆物和覆土等持久荷载和可变荷载的取值应符合下列规定：

①可变荷载应取设计要求值和历史上出现过最大值中的较大值。

②永久荷载应取设计要求值和现场实测值的较大值。

③可变荷载组合与持久荷载组合均不宜考虑组合系数。

④可变荷载不宜考虑频遇值和准永久值。

（3）持久荷载已经作用到结构上时，其检验荷载的取值应符合（1）的规定。

结构构件适用性检验应进行正常使用极限状态的评定和结构适用性的评定。

结构构件的正常使用极限状态应以国家现行有关标准限定的位移、变形和裂缝宽度等为基准进行评定。

结构构件的适用性应以装饰、装修、围护结构、管线设施未受到影响以及使用者的感受为基准进行评定。

7.1.4 荷载系数或构件系数检验

结构构件荷载系数或构件系数的实荷检验应符合下列规定：

（1）在荷载系数或构件系数检验前应进行结构构件适用性检验。

（2）检验目标荷载应取荷载系数和构件系数对应检验荷载中的较大值。

结构构件荷载系数或构件系数的实荷检验应区分既有结构性能的检验和结构工程质量的检验。

既有结构构件荷载系数和对应的检验荷载应符合下列规定：

（1）结构构件荷载系数 $\gamma_{F,E}$ 应按下式计算：

$$\gamma_{F,E} = \frac{\gamma_{G,2} \times G_{K,2} \times C_{G,2} + \gamma_{L,1} \times Q_{K,1} \times C_{Q,1} + \gamma_{L,2} \times Q_{K,2} \times C_{Q,2}}{C_{G,2} \times G_{K,2} + Q_{K,1} \times C_{Q,1} + Q_{K,2} \times C_{Q,2}} \quad (7-1)$$

式中 $\gamma_{F,E}$——检验荷载系数；

$\qquad\gamma_{G,2}$——持久荷载的分项系数或系数；

$\qquad G_{K,2}$——单位体积的持久荷载值，取设计要求值和现场实测值的较大值；

$\qquad C_{G,2}$——持久荷载的尺寸参数，按实际情况确定；

$\qquad\gamma_{L,1}$——可变荷载的分项系数或系数；

$\qquad Q_{K,1}$——可变荷载标准值；

$\qquad C_{Q,1}$——可变荷载的尺寸参数，按实际情况确定；

$\qquad\gamma_{L,2}$——雪荷载等的分项系数或系数；

$\qquad Q_{K,2}$——雪荷载的基本雪压；

$\qquad C_{Q,2}$——雪荷载的相关参数，按实际情况确定。

（2）持久荷载系数的取值应符合下列规定：

①对于未作用到结构上的持久荷载的分项系数 $\gamma_{G,2}$ 不宜小于 1.4。

②对于已经作用到结构上的持久荷载且荷载不再有变化时，$\gamma_{G,2}$ 可取为零，在式（7-1）中可不考虑该类持久荷载的因素。

③对于已经作用到结构上的持久荷载但需要考虑受水等影响的荷载增量时，式（7-1）中的持久荷载 $G_{K,2}$ 和持久荷载的尺寸参数 $C_{G,2}$ 应为荷载的预计增量，预计增量的分项系数 $\gamma_{G,2}$ 不应小于 1.4。

（3）可变荷载的系数的取值应符合下列规定：

①屋面可变荷载的系数宜符合现行国家标准《建筑结构荷载规范》（GB 50009）的规定值。

②可变荷载的分项系数 $\gamma_{L,1}$ 不宜小于 1.6。

（4）雪荷载的分项系数和基本雪压应按下列规定确定：

①当雪荷载的系数取现行国家标准《建筑结构荷载规范》（GB 50009）规定值时，基本雪压应取《建筑结构检测技术标准》（GB/T 50344）第 9 章的分析值与重现期 100 年雪压值中的较大值。

②当基本雪压取重现期 100 年的相应数值时，雪荷载的分项系数应取现行国家标准《建筑结构荷载规范》（GB 50009）规定值和按《建筑结构检测技术标准》（GB/T 50344）第 9 章规定的分析值中的较大值。

（5）既有结构构件荷载系数检验目标荷载应按下式计算：

$$F_{t,l} = \gamma_{F,E} \times (G_{K,2} \times C_{G,2} + Q_{K,1} \times C_{Q,1} + Q_{K,2} \times C_{Q,2}) \tag{7-2}$$

式中 $F_{t,l}$——由荷载系数确定的检验目标荷载；

$\qquad\gamma_{F,E}$——检验荷载系数。

结构工程的检验荷载系数和对应的检验荷载应符合下列规定：

（1）检验荷载系数 $\gamma_{\text{F,E}}$ 应按下式计算确定：

$$\gamma_{\text{F,E}} = \frac{\gamma_{\text{G,1}} \times G_{\text{K,1}} \times C_{\text{G,1}} + \gamma_{\text{G,2}} \times G_{\text{K,2}} \times C_{\text{G,2}} + \gamma_{\text{L,1}} \times Q_{\text{K,1}} \times C_{\text{Q,1}} + \gamma_{\text{L,2}} \times Q_{\text{K,2}} \times C_{\text{Q,2}}}{C_{\text{G,1}} \times G_{\text{K,1}} + C_{\text{G,2}} \times G_{\text{K,2}} + Q_{\text{K,1}} \times C_{\text{Q,1}} + Q_{\text{K,2}} \times C_{\text{Q,2}}}$$

(7-3)

式中　$\gamma_{\text{F,E}}$——检验荷载系数；

　　　$\gamma_{\text{G,1}}$——自重荷载的系数，按现行国家标准《建筑结构荷载规范》（GB 50009）的规定确定；

　　　$G_{\text{K,1}}$——单位体积或面积的自重荷载值按实际情况确定；

　　　$C_{\text{G,1}}$——自重荷载的尺寸参数，按实际情况确定；

　　　$\gamma_{\text{G,2}}$——持久荷载的系数，取 1.35；

　　　$G_{\text{K,2}}$——单位体积的持久荷载值，按现行国家标准《建筑结构荷载规范》（GB 50009）的规定确定或实际情况确定；

　　　$C_{\text{G,2}}$——持久荷载等的尺寸参数，按实际情况确定；

　　　$\gamma_{\text{L,1}}$——可变荷载的系数，按现行国家标准《建筑结构荷载规范》（GB 50009）的规定确定；

　　　$Q_{\text{K,1}}$——可变荷载的标准值，按现行国家标准《建筑结构荷载规范》（GB 50009）的规定确定；

　　　$C_{\text{Q,1}}$——可变荷载的尺寸参数，按实际情况确定；

　　　$\gamma_{\text{L,2}}$——雪荷载等的系数，按现行国家标准《建筑结构荷载规范》（GB 50009）的规定确定；

　　　$Q_{\text{K,2}}$——雪荷载的基本雪压，取重现期 100 年的雪压值；

　　　$C_{\text{Q,2}}$——雪荷载的计算参数，按实际情况确定。

（2）结构工程荷载系数对应的检验荷载的目标值应按下式计算确定：

$$F_{\text{t,E}} = \gamma_{\text{F,E}} \times （G_{\text{K,1}} \times C_{\text{G,1}} + G_{\text{K,2}} \times C_{\text{G,2}} + Q_{\text{K,1}} \times C_{\text{Q,1}} + Q_{\text{K,2}} \times C_{\text{Q,2}}） - F_{\text{CG,1}}$$

(7-4)

式中　$F_{\text{CG,1}}$——已经作用到结构上的自重荷载总量，$F_{\text{CG,1}} = G_{\text{K,1}} \times C_{\text{G,1}}$。

当既有结构构件承载力的分项系数 γ_{R} 大于检验荷载系数 $\gamma_{\text{F,E}}$ 时，检验的目标荷载应按下列公式计算：

$$F_{\text{t,R}} = \gamma_{\text{R}} \times （G_{\text{K,2}} \times C_{\text{G,2}} + Q_{\text{K,1}} \times C_{\text{Q,1}} + Q_{\text{K,2}} \times C_{\text{Q,2}}）$$ 　　(7-5)

式中　$F_{\text{t,R}}$——由构件承载力的分项系数 γ_{R} 确定的检验目标荷载；

　　　γ_{R}——构件承载力的分项系数，$\gamma_{\text{R}} = 1/（1 - \beta_{\text{R}}\zeta_{\text{R}}）$，$\beta_{\text{R}}$ 为构件承载力的可靠指标，ζ_{R} 为构件承载力变异系数。

当材料强度的系数大于检验荷载的系数时，检验的目标荷载应符合下列规定：

（1）既有结构的检验目标荷载值应按下式计算：

$$F_{t,m} = \gamma_m \times (G_{K,2} \times C_{G,2} + Q_{K,1} \times C_{Q,1} + Q_{K,2} \times C_{Q,2}) \qquad (7\text{-}6)$$

式中　$F_{t,m}$——由材料强度系数确定的检验目标荷载；

　　　γ_m——材料强度的系数，由材料强度的设计值除以材料强度的标准值确定。

（2）结构工程检验荷载的目标值应按下式计算：

$$F_{t,E,m} = \gamma_m \times (G_{K,1} \times C_{G,1} + G_{K,2} \times C_{G,2} + Q_{K,1} \times C_{Q,1} + Q_{K,2} \times C_{Q,2}) \qquad (7\text{-}7)$$

式中　$F_{t,E,m}$——结构工程质量检验时，由材料强度系数确定的检验目标荷载。

构件承载力的荷载系数或构件系数的实荷检验，当出现下列情况时应立即停止检验，并应判定其承载能力不足：

（1）钢构件的实测应变接近屈服应变。

（2）钢构件变形明显超出计算分析值。

（3）钢构件出现局部失稳迹象。

（4）混凝土构件出现受荷裂缝。

（5）混凝土构件出现混凝土压溃的迹象。

（6）其他接近构件极限状态的标志。

结构构件经历检验目标荷载满足下列要求时，可评价在检目标荷载下有足够的承载力：

（1）检测实测应变和变形等与达到承载能力极限状态的预估值有明显的差距。

（2）钢构件没有局部失稳的迹象。

（3）混凝土构件未见加荷造成的裂缝或裂缝宽度小于检验荷载作用下的预估值。

（4）卸荷后无明显的残余变形。

（5）构件没有出现材料破坏的迹象。

7.1.5　综合系数或可靠指标的检验

结构构件综合系数的荷载检验应符合下列规定：

（1）综合系数检验应在荷载系数或构件系数检验后实施。

（2）综合系数检验的目标荷载应取荷载系数的检验荷载和构件系数的检验荷载之和。

结构构件的综合系数的检验应根据实际情况确定每级荷载的增量。

在进行综合系数的实际结构检验时，遇到下列情况之一时，应采取卸荷的措施，并应将此时的检验荷载作为构件承载力的评定值：

（1）钢材和钢筋的实测应变接近屈服应变。

（2）构件的位移或变形明显超过分析预期值。

（3）混凝土构件出现明显的加荷裂缝。

（4）构件等出现屈曲的迹象。

（5）钢构件出现局部失稳迹象。

（6）砌筑构件出现受荷开裂。

结构构件在目标荷载检验后满足下列要求时，可评价结构构件具有承受综合荷载的能力：

（1）达到检验目标荷载时，实测应变与钢筋或钢材的屈服应变有明显的差距。

（2）构件的变形处于弹性阶段。

（3）构件没有屈曲的迹象。

（4）构件没有局部失稳的迹象。

（5）构件没有超出预期的裂缝。

（6）构件材料没有破坏的迹象。

（7）卸荷后无明显的残余变形。

结构构件承载能力极限状态可靠指标的实荷检验应符合下列规定：

（1）综合系数检验符合本节要求的结构构件可进行规定的可靠指标对应分项系数的实荷检验。

（2）综合系数对应的检验荷载，应可作为可靠指标对应分项系数检验的一级荷载。

对应尺寸的模型检验时，可靠指标对应的检验系数和检验目标荷载应按下列规定计算确定：

（1）可靠指标 β_s 对应的综合系数 $\gamma_{F,S}$ 应按下式计算：

$$\gamma_{F,S} = \frac{\gamma_{G,2} \times G_{K,2} \times C_{G,2} + \gamma_{Q,1} \times Q_{L,1} \times C_{Q,1} + \gamma_{Q,2} \times Q_{L,2} \times C_{Q,2}}{C_{G,2} \times G_{K,2} + Q_{L,1} \times C_{Q,1} + Q_{L,2} \times C_{Q,2}} \tag{7-8}$$

式中　$\gamma_{F,S}$——对应于可靠指标 $\beta_s = 2.05$ 的作用综合系数；

$\gamma_{G,2}$——持久荷载的分项系数或系数；

$G_{K,2}$——单位体积持久荷载，取实测样本中的最大值；

$C_{G,2}$——持久荷载的尺寸参数；

$\gamma_{Q,1}$——可变荷载的分项系数，对于楼面活荷载不小于 1.6，对于屋面荷载不小于 1.5；

$Q_{L,1}$——可变荷载的标准值，取设计值、可能出现的最大值和出现过的最大值中的最大值；

$Q_{L,2}$——基本雪压，取现行国家标准《建筑结构荷载规范》（GB 50009）的规定值和按《建筑结构检测技术标准》（GB/T 50344）第 9 章规定分析计算值中的较大值；

$\gamma_{Q,2}$——雪荷载的分项系数，取现行国家标准《建筑结构荷载规范》（GB 50009）的规定值和按《建筑结构检测技术标准》（GB/T 50344）第 9 章计算分析值的较大值。

（2）式（7-8）中的持久荷载的分项系数 $\gamma_{G,2}$ 应按下列规定计算：

①针对持久荷载尺寸变化的分项系数分量应按下式计算：

$$\gamma_{G,2a} = 1 + \beta_s \delta_{G,2a} \tag{7-9}$$

式中　$\gamma_{G,2a}$——考虑持久荷载尺寸变化的分项系数；

β_s——作用效应的可靠指标，取 2.05；

$\delta_{G,2a}$——持久荷载尺寸的变异系数。

②持久荷载单位体积质量对应的分项系数应按下式计算：

$$\gamma_{G,2g} = 1 + \beta_s \delta_{G,2g} \tag{7-10}$$

式中　$\gamma_{G,2g}$——对应于持久荷载单位体积质量的分项系数；

$\delta_{G,2g}$——持久荷载单位体积质量的变异系数。

③持久荷载的分项系数应按下式计算：

$$\gamma_{G,2} = \gamma_{G,2a} \times \gamma_{G,2g} \tag{7-11}$$

（3）作用综合分项系数 $\gamma_{F,S}$ 对应的检验荷载应按下式计算：

$$F_{t,s} = \gamma_{F,S} \times (G_{K,2} \times C_{G,2} + Q_{K,1} \times C_{Q,1} + Q_{K,2} \times C_{Q,2}) \tag{7-12}$$

式中　$F_{t,s}$——作用综合分项系数 $\gamma_{F,S}$ 对应的检验荷载。

（4）构件分项系数 γ_R 对应的检验荷载应按下式计算：

$$F_{t,R} = \gamma_R \times (G_{K,2} \times C_{G,2} + Q_{K,1} \times C_{Q,1} + Q_{K,2} \times C_{Q,2}) \tag{7-13}$$

式中　$F_{t,R}$——构件承载力的分项系数对应的检验荷载；

γ_R——构件承载力的分项系数，按《建筑结构检测技术标准》（GB/T 50344）附录 E 的规定确定。

（5）可靠指标 β_s 对应分项系数的目标检验荷载应取构件分项系数对应的检验荷载 $F_{t,R}$ 与作用综合系数对应的检验目标荷载之和。

通过作用综合分项系数对应的检验荷载 $F_{t,s}$ 和构件承载力分项系数对应的检验荷载 $F_{t,R}$ 的检验后，构件满足下列要求时，可评价结构构件符合现行国家标准规定的可靠指标的要求：

（1）构件的应变未达到屈服应变或距屈服应变有明显的差距。

（2）构件的变形未超出构件承载力极限状态的限制。

（3）构件无屈曲迹象。

（4）构件无局部的失稳。

（5）构件未出现材料的破坏。

7.2 钢结构动力性能测试

7.2.1 基本规定

建筑结构的动力特性，可根据结构的特点选择下列测试方法：

（1）结构的基本振型，宜选用环境振动法、初位移等方法测试。

（2）结构平面内有多个振型时，宜选用稳态正弦波激振法进行测试。

（3）结构空间振型或扭转振型宜选用多振源相位控制同步的稳态正弦波激振法或初速度决进行测试。

（4）评估结构的抗震性能时，可选用随机激振法或人工爆破模拟地震法。

结构动力测试设备和测试仪器应符合下列要求：

（1）当采用稳态正弦激振的方法进行测试时，宜采用旋转惯性机械起振机，也可采用液压伺服激振器，使用频率范围宜为 0.5 ~ 30Hz，频率分辨率不应小于 0.01Hz。

（2）对于加速度仪、速度仪或位移仪，可根据实际需要测试的动参数和振型阶数进行选取。

（3）仪器的频率范围应包括被测结构的预估最高阶和最低阶频率。

（4）测试仪器的最大可测范围应根据被测结构振动的强烈程度选定。

（5）测试仪器的分辨率应根据被测结构的最小振动幅值选定。

（6）传感器的横向灵敏度应小于 0.05。

（7）在进行瞬态过程测试时，测试仪器的可使用频率范围应比稳定测试时大一个数量级。

（8）传感器应具备机械强度高、安装调节方便、体积质量小而便于携带，防水、防电磁干扰等性能。

（9）记录仪器或数据采集分析系统、电平输入及频率范围，应与测试仪器的输出匹配。

7.2.2 测试要求

环境振动法的测试应符合下列规定：

（1）测试时应避免或减小环境及系统干扰。

（2）当测量振型和频率时，测试记录时间不应少于 5min；当测试阻尼时，测试记录时间不应少于 30min。

（3）当需要多次测试时，每次测试中应至少保留一个共同的参考点。

机械激振振动测试应符合下列规定：

（1）选择激振器的位置应正确，选择的激振力应合理。

（2）当激振器安装在楼板上时，应避免楼板的竖向自振频率和刚度的影响，激振力传递途径应明确合理。

（3）激振测试中宜采用扫频方式寻找共振频率。

（4）在共振频率附近测试时，应保证半功率带宽内的测点不应少于 5 个频率。

施加初位移的自由振动测试应符合下列规定：

（1）拉线点的位置应根据测试的目的进行布设。

（2）拉线与被测试结构的连接部分应具有可靠传力的能力。

（3）每次测试时应记录拉力数值和拉力与结构轴线间的夹角。

（4）量取波值时，不得取用突断衰减的最初 2 个波。

（5）测试时不应使被测试结构出现裂缝。

7.2.3　数据处理

时域数据处理应符合下列规定：

（1）对记录的测试数据应进行零点漂移、记录波形和记录长度的检验。

（2）被测试结构的自振周期，可在记录曲线上相对规则的波形段内取有限个周期的平均值。

（3）被测试结构的阻尼比，可按自由衰减曲线求取；当采用稳态正弦波激振时，可根据实测的共振曲线采用半功率点法求取。

（4）被测试结构各测点的幅值，应用记录信号幅值除以测试系统的增益，并应按此求得振型。

频域数据处理应符合下列规定：

（1）采样间隔应符合采样定理的要求。

（2）对频域中的数据应采用滤波、零均值化方法进行处理。

（3）被测试结构的自振频率，可采用自谱分析或傅里叶谱分析方法求取。

（4）被测试结构的阻尼比，宜采用自相关函数分析、曲线拟合法或半功率点法确定。

（5）对于复杂结构的测试数据，宜采用谱分析、相关分析或传递函数分析等方法进行分析。

测试数据处理后应根据需要提供被测试结构的自振频率、阻尼比和振型，以及动力反应最大幅值、时程曲线、频谱曲线等分析结果。

第8章　既有钢结构的专项检测

8.1　钢构件疲劳性能检测

直接承受动力荷载的钢构件及其连接，在服役期内应定期进行疲劳性能检测。

钢构件疲劳性能检测的位置应包括构件上应力幅较大的部位、构造复杂的部位、应力集中部位、出现裂纹的部位。

疲劳损伤检测可辅以放大镜目测检查以及磁粉、渗透或超声波探伤检测。

评估构件的疲劳性能时，应确定其实际应力谱。应力谱可由结构或构件控制部位的应力—时间变化曲线得到。应力—时间变化曲线可在结构正常使用情况下通过现场测试绘制。

钢构件的剩余疲劳寿命应按下式计算：

$$T = \frac{CT^*}{\varphi \Sigma n_i^* \left(\Delta \sigma_i \right)^\beta} - T_0 \tag{8-1}$$

式中　T_0——结构或构件已使用的时间，单位为 h 或 d，可由测试者确定；

C 和 β——与构件和连接类别有关系的参数，按现行国家标准《钢结构设计标准》（GB 50017）确定；

T^*——测量持续时间，时间单位与 T_0 相同；

φ——附加安全系数，当测量时间为 24h 时取 1.5～3.0；

$\Delta \sigma_i$——测量部位第 i 个级别的应力幅值（N/mm^2）；

n_i^*——测量时间内 $\Delta \sigma_i$ 的作用次数。

钢构件疲劳性能等级应按下列规定评定：

（1）构件疲劳强度验算满足要求时，可评定为 a_u 级，否则可根据不满足的程度评定为 c_u 级或 d_u 级。

（2）当构件剩余疲劳寿命不小于构件后续目标使用寿命时，可评定为 a_u 级，否则可根据不满足的程度评定为 c_u 级或 d_u 级。

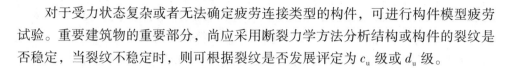

对于受力状态复杂或者无法确定疲劳连接类型的构件，可进行构件模型疲劳试验。重要建筑物的重要部分，尚应采用断裂力学方法分析结构或构件的裂纹是否稳定，当裂纹不稳定时，则可根据裂纹是否发展评定为 c_u 级或 d_u 级。

8.2　火灾后既有钢结构的检测

火灾后钢结构检测的范围应为结构单元或受火灾影响区域内的结构或构件。

火灾后钢结构检测与鉴定的程序及内容除应符合第 2 章的规定外，还应符合下列规定：

（1）火灾后钢结构检查评估应包括下列内容：

①勘查火灾现场，确定危险结构及构件的分布范围，提出应急安全处置建议。

②勘查、评估结构的烧灼损伤状况。

③调查火灾过程及温度分布，确定火灾影响的区域范围。

④提出检查评估结论，或进一步详细调查、检测与鉴定的方案。

（2）进行受火灾钢结构及构件的检测、分析与校核。

（3）进行受火灾钢结构的可靠性鉴定评级。

（4）提出火灾后处理意见及建议。

火灾过程调查应包括火灾概况调查和火作用调查分析，并应符合下列规定：

（1）火灾概况调查，应了解火灾的规模，火灾引燃、蔓延、熄灭的过程和时间，以及火灾燃烧物的种类，灭火方法及手段。

（2）火作用调查，可根据火场残留物状况、结构构件烧灼损伤状况按《高耸与复杂钢结构检测与鉴定标准》（GB 51008—2016）附录 C 判断结构所受的温度和推定火灾作用影响程度。

（3）基于主要构件的升温程度，绘制火灾作用等温线示意图。

火灾后钢构件烧灼损伤状况勘查、检测、鉴定的内容应包括构件及节点连接的外观变形损伤、结构材料性能的劣化损伤、结构受力性能的劣化损伤、防护措施损坏或损伤，并应符合下列规定：

（1）构件及节点连接的外观变形损伤勘查、检测应符合下列规定：

①检测并复核火灾影响区域支座节点及结构其他特征点的相对位置，检查结构的整体变形状况。

②对直接遭受火焰或高温烟气作用的构件及节点，应全数检查其烧灼变形损伤程度；一般构件可采用外观目测、尺量、锤击回声等方法检查，大型构件宜采用仪器观测。

③对承受温度应力作用的构件及节点，应检查其变形、裂损状况。对于不便

观察或仅通过观察难以发现问题的构件，可辅以温度作用应力分析判断。

（2）结构材料性能劣化损伤的检测与评估应符合下列规定：

①火灾后钢材性能可能发生明显改变时，应通过现场抽样检验或模拟试验确定材料的性能指标。检测项目应根据鉴定要求确定，包括屈服点、抗拉强度、伸长率、冲击韧性、弹性模量以及化学成分、金相组织。

②现场取样应考虑钢材品种及烧灼程度的代表性，取样应避开构件的主要受力位置和截面应力最大处。

③模拟试验可采用同种钢材加温冷却试样，试样的升降温度过程及冷却方式应正确反映实际火灾情况。

④对于热轧结构钢材，如果火灾前材料性能明确，可根据构件所受的升温幅度按《高耸与复杂钢结构检测与鉴定标准》（GB 51008—2016）附录 C 确定火灾后材料的屈服强度。

（3）结构受力性能劣化损伤的分析评估应符合下列规定：

①应考虑杆件、板件的屈曲或扭曲对结构承载力及刚度产生的不利影响。

②应考虑焊缝连接的残余应力对构件性能的不利影响。

③对普通螺栓及铆钉连接节点，应考虑螺栓或铆钉松动、连接板变形对结构性能的影响。

④对高强度螺栓连接节点，应考虑火灾可能引起的螺栓预拉力损失、接触面抗滑移系数下降等对结构性能的影响。

（4）防护措施损伤程度勘查、检测应符合下列规定：

①防护措施勘查、检测的内容应包括防腐涂层炭化、剥落，防火涂层开裂、剥落、发泡及防火设施破损。

②防护措施勘查、检测的方法：对于防腐、防火涂层，可采用锤击回声、铲刀刮除、砂纸打磨等方法；对于装配式防火设施，可采用锤击检查方法。

第9章 既有钢结构的评定

9.1 既有钢结构抗火灾倒塌的评定

火灾后钢结构的鉴定校核分析应符合下列规定：

（1）火灾后结构分析应考虑火灾后结构残余状态材料的力学性能、连接状态、结构几何形状变化和构件的变形和损伤。

（2）结构内力分析模型可根据下列实际情况，在满足安全的条件下进行简化：

①局部火灾未造成整体结构明显变位、损伤时，可仅考虑局部作用。

②支座没有明显变位的连续结构如板、梁、框架等，可不考虑支座变位的影响。

（3）进行火灾后结构构件的抗力校核验算时，应考虑火灾作用对结构材料性能、结构受力性能的不利影响。

火灾后钢结构的安全性鉴定应按承载力和变形损伤两个项目分别评定等级，并应取其中的较低等级作为安全性鉴定等级。

火灾后钢构件承载力等级应按表 5-1 的规定评定。对于材料有冲击韧性要求的钢构件，尚应进行冲击韧性复核，当不满足要求时，应根据不满足程度评定为 c_u 级或 d_u 级。

火灾后钢结构或构件的外观变形损伤等级应根据整体或构件变形状况、节点连接变形损坏状况、零部件变形损坏状况按表 9-1 的规定评定，并应按其中的最低等级确定结构或构件的变形损伤等级。

表 9-1 火灾后钢结构或构件的外观变形损伤等级

评定项目	A_u 或 a_u	B_u 或 b_u	C_u 或 c_u	D_u 或 d_u
整体挠曲、倾斜	现状变形及计算变形均在设计允许范围内	现状变形或计算变形略大于设计规定，对使用性能无明显影响	现状变形大于设计规定，对使用性能有明显影响，对结构承载力有显著影响	现状变形大于设计规定，对结构承载力有严重影响或已丧失承载力

评定项目	A_u 或 a_u	B_u 或 b_u	C_u 或 c_u	D_u 或 d_u
节点连接变形、损伤	无	轻度残余变形,对结构承载力无明显影响	节点或节点板变形现象明显,对结构承载力有显著影响	存在节点板变形、螺栓松动、焊缝撕裂现象,主要节点连接性能下降,对结构承载力有严重影响或已丧失承载力
零部件变形、损伤	无	轻度残余变形,对结构承载力无明显影响	存在屈曲、扭曲等变形现象,对结构承载力有显著影响	主要零部件存在屈曲、扭曲、撕裂现象,对结构承载力有严重影响或已丧失承载力

火灾后钢结构或构件的适用性鉴定应按表 9-2 中的防腐涂装、防火涂装、防火保护三个项目分别评定等级,并应取其中的最低等级作为适用性鉴定等级。

表 9-2　火灾后钢结构或构件的防护损伤等级

评定项目	A_u 或 a_u	B_u 或 b_u	C_u 或 c_u
防腐涂装	未受烟气熏烤,涂装层完好	受烟气熏烤,但涂膜无炭化、裂损	受高温烟气熏烤,涂膜表层炭化或裂损、剥落,需要维修或重涂
防火涂装	未受高温烟气直接熏烤,涂装层完好	受高温烟气熏烤,涂层未发泡,局部开裂但无脱落	防火涂层发泡或裂损、剥落,需要维修或重涂
防火保护	未受火焰直接灼烤,防火保护设施完好	受轻度或短时火焰灼烤,防火保护设施基本完好	防火保护局部损坏,需要维修或更新

9.2　既有钢结构抗震性能的评定

9.2.1　一般规定

本章适用于抗震设防烈度为 6~9 度地区钢结构抗震性能的鉴定,不适用于在建钢结构工程抗震性能的评定。下列情况下的钢结构应进行抗震鉴定:

(1) 原设计未考虑抗震设防或抗震设防要求提高的钢结构。

(2) 需要改变建筑用途、使用环境发生变化或需要对结构进行改造的钢结构。

(3) 其他有必要进行抗震鉴定的钢结构。

钢结构的抗震设防类别和抗震设防标准应按现行国家标准《建筑工程抗震设防分类标准》(GB 50223) 的规定确定。结构所在地区的抗震设防烈度,应按现行国家标准《建筑抗震设计规范》(GB 50011) 的规定确定。有特殊要求的钢结构,应按相关规定进行专题鉴定。

在进行钢结构抗震鉴定时，应按下列规定确定后续使用年限：

（1）在 20 世纪 70 年代及以前建造的，不应少于 30 年。

（2）在 20 世纪 80 年代建造的，宜采用 40 年或更长，且不得少于 30 年。

（3）在 20 世纪 90 年代建造的，不宜少于 40 年。

（4）在 2001 年以后建造的，宜采用 50 年。

钢结构的抗震鉴定应按两个项目分别进行：第一个项目为整体布置与抗震构造措施核查鉴定；第二个项目为多遇地震作用下承载力和结构变形验算鉴定。对有一定要求的钢结构，同时包括罕遇地震作用下抗倒塌或抗失效性能分析鉴定。

在进行整体布置鉴定时，应核查建筑形体的规则性、结构体系与构件布置的合理性以及结构材料的适用性，按第 9.2.2 ~ 9.2.5 节的规定鉴定为满足或不满足。

在进行抗震构造措施鉴定时，应分别对结构构件和节点、非结构构件和节点的抗震构造措施进行核查鉴定。当符合《高耸与复杂钢结构检测与鉴定标准》（GB 51008—2016）的有关规定时，应鉴定为满足，否则应鉴定为不满足。

第二个项目应根据承载力和变形的验算结果进行鉴定。当承载力和变形的验算结果符合要求时，第二个项目可鉴定为满足，否则鉴定为不满足。承载力和变形验算应符合下列要求：

（1）构件和节点的抗震承载力应按下式进行验算：

$$S \leqslant \frac{R}{\gamma_{RE}} \tag{9-1}$$

式中　S——多遇地震产生的效应组合设计值，按《高耸与复杂钢结构检测与鉴定标准》（GB 51008—2016）第 10.1.8 条计算；

　　　R——承载力设计值；

　　　γ_{RE}——承载力抗震调整系数，应按表 9-3 采用，当仅计算竖向地震作用时，各类结构构件承载力抗震调整系数均应采用 1.00。

表 9-3　承载力抗震调整系数

后续使用年限	γ_{RE}	
	强度计算	稳定计算
≥30 年	0.68	0.72
≥40 年	0.71	0.75
≥50 年	0.75	0.80

（2）多遇地震作用下，结构的弹性层间位移或挠度，除另有规定外，应按下式进行验算：

$$\frac{\Delta u_e}{h} \leqslant [\theta_e] \tag{9-2}$$

式中　Δu_e——多遇地震作用标准值产生的楼层内最大弹性层间位移，对于大跨度钢结构为最大挠度；

　　$[\theta_e]$——弹性层间位移角限值，对于大跨度钢结构为相对挠度限值，高耸钢结构为整体倾角，宜按表 9-4 采用；

　　h——计算楼层层高，或单层结构柱高，或大跨度结构短向跨度，或高耸结构高度。

（3）罕遇地震作用下，结构的变形可采用现行国家标准《建筑抗震设计规范》（GB 50011）规定的方法，按下式进行验算：

$$\frac{\Delta u_p}{h} \leqslant [\theta_p] \tag{9-3}$$

式中　Δu_p——罕遇地震作用标准值产生的楼层内最大弹塑性层间位移；

　　$[\theta_p]$——弹塑性层间位移角或整体倾角限值，宜按表 9-4 采用。

表 9-4　钢结构在地震作用下的变形限值

结构类型		$[\theta_e]$	$[\theta_p]$
多高层钢结构层间位移限值		1/250	1/50
单层钢结构柱侧倾角限值		1/125	1/30
高耸钢结构	塔楼处的层间位移角限值	1/300	—
	整体侧倾角限值	1/100	
大跨度钢结构的相对挠度限值	水平桁架、网架、张弦梁或桁架	1/250	—
	拱、拱形桁架、单层网壳	1/400	
	双层网壳、弦支穹顶	1/300	
	索网结构	1/200	

注：1. 对高耸单管塔的水平位移限值可适当放宽。
　　2. 大跨度钢结构总挑端的相对挠度限值，取跨度为悬挑长度，并按表中数据乘以 2 确定。

结构构件和节点在多遇地震作用下的效应组合设计值应按下式计算：

$$S = \gamma_G S_{GE} + \gamma_{Eh} S_{Ehk} + \gamma_{Ev} S_{Evk} + \psi_w \gamma_w S_{wk} \tag{9-4}$$

式中　　　　　　S——结构构件和节点在多遇地震作用下的效应组合设计值；

γ_G、γ_{Eh}、γ_{Ev}、γ_w——重力荷载分项系数，水平、竖向地震作用分项系数和风荷载分项系数，应按现行国家标准《建筑抗震设计规范》（GB 50011）的规定采用；

S_{GE}、S_{Evk}、S_{wk}——重力荷载代表值的效应、竖向地震作用标准值的效应和风荷载标准值的效应，应按现行国家标准《建筑抗震设计规范》（GB 50011）的规定计算；

ψ_w——风荷载组合系数，应按现行国家标准《建筑抗震设计规

范》（GB 50011）的规定采用；

S_{Ehk}——水平地震作用标准值的效应，应按现行国家标准《建筑抗震设计规范》（GB 50011）的规定计算，并应乘以第9.2.1条规定的抗震性能调整系数，当效应组合用于变形验算时，抗震性能调整系数取1.0。

钢结构构件的截面板件宽厚比限值宜满足表9-5的要求。

表9-5　钢结构构件各类截面板件宽厚比限值

构件	构件名称	截面类别			
		A	B	C	D
柱	工字形截面翼缘外伸部分	11	13	45	按现行国家标准《钢结构设计标准》（GB 50017）和《冷弯薄壁型钢结构技术规范》（GB 50018）符合全截面有效的规定
	工字形截面腹板	45	52	60	
	箱形截面壁板	36	40	45	
	圆管外径与壁厚比	50	60	70	
梁	工字形截面和箱形截面翼缘外伸部分	9	11	13	
	箱形截面两腹板间翼缘	30	36	40	
	工字形和箱形截面腹板	$72 \sim 100$ $\rho \leqslant 65$	$85 \sim 120$ $\rho \leqslant 75$	$95 \sim 120$ $\rho \leqslant 80$	

注：1. 表列数值适用于 Q235 钢，当材料为其他等级圆钢管时应乘以 $235/f_y$，其他形式截面时应乘以 $\sqrt{235/f_y}$。

2. $\rho = N_b/Af$，其中 N_b、A、f 分别为梁的轴向力、截面面积、钢材抗拉强度设计值。

抗震性能调整系数的确定应符合下列规定：

（1）整体布置与抗震构造措施均鉴定为满足时，可根据罕遇地震作用下出现塑性铰的梁柱截面板件宽厚比的不同，分别取用下列数值：

①符合表9-5中的 C 类截面的限值时，取1.0。

②符合表9-5中的 B 类截面的限值时，取0.8。

③符合表9-5中的 A 类截面的限值时，取0.7。

（2）整体布置鉴定为满足，抗震构造措施鉴定为不满足，但构件截面板件的宽厚比符合表9-5中的 D 类截面的限值时，取2.0。

钢结构抗震性能可按下列规定进行鉴定：

（1）符合下列情况之一，可鉴定为抗震性能满足：

①第一个与第二个鉴定项目均鉴定为满足。

②第一个项目中的整体布置鉴定为满足，抗震构造措施鉴定为不满足，但满足现行国家标准《钢结构设计标准》（GB 50017）和《冷弯薄壁型钢结构技术规范》（GB 50018）有关构造措施的规定，构件截面板件的宽厚比符合表9-5中 D

类截面的限值，且第二个项目鉴定为满足。

③6度区但不含建于Ⅳ类场地上的规则建筑高层钢结构，第一个项目鉴定为满足。

（2）符合下列情况之一，应鉴定为抗震性能不满足：

①第一个项目中的整体布置鉴定为不满足。

②第二个项目鉴定为不满足。

③构造措施不符合现行国家标准《钢结构设计标准》（GB 50017）和《冷弯薄壁型钢结构技术规范》（GB 50018）的规定，或构件截面板件的宽厚比不符合表9-5中D类截面的限值。

进行抗震鉴定的钢结构，其材料性能应符合下列规定：

（1）钢材的实测屈服强度、屈强比、伸长率，应符合现行国家标准《建筑抗震设计规范》（GB 50011）的规定。

（2）钢材的冲击韧性，应满足当地最低气温时的工作性能要求。

（3）抗震鉴定后需要施焊的钢结构，其碳当量 C_E 或焊接裂纹敏感指数 P_{cm}，应符合现行国家标准《低合金高强度结构钢》（GB/T 1591）的规定。

（4）沿板厚方向受拉力的厚钢板（厚度 t 不小于40mm），应满足现行国家标准《建筑抗震设计规范》（GB 50011）对 Z 向性能的要求。

抗震设防烈度为8~9度地区的高耸、大跨度和长悬臂钢结构，抗震承载力验算时，应计入竖向地震作用的影响。竖向地震作用标准值，8度和9度地区可分别取该结构、构件重力荷载代表值的10%和20%。

钢结构应按下列规定进行罕遇地震作用下的弹塑性变形验算：

（1）下列结构应进行弹塑性变形验算：

①高度大于150m的钢结构。

②特殊设防类（甲类）建筑和重点设防类（乙类）9度区的钢结构建筑。

③采用隔震层和消能减震设计的钢结构。

（2）下列结构宜进行弹塑性变形验算：

①高度不大于150m的钢结构。

②竖向特别不规则的高层钢结构。

③7度Ⅲ、Ⅳ类场地和8度区的乙类钢结构建筑。

钢结构抗侧力构件的连接，在进行承载力验算时，应按现行国家标准《建筑抗震设计标准》（GB 50011）的规定执行，并应符合下列规定：

（1）抗侧力构件连接的承载力设计值不应小于相连构件的承载力设计值。

（2）高强度螺栓连接不得滑移。

（3）抗侧力构件连接的极限承载力应大于相连构件的屈服承载力。

进行钢结构地震作用效应分析时，结构的阻尼比可按下列规定取值：

（1）多遇地震作用时，不超过 12 层的钢结构可取 0.035，超过 12 层的钢结构可取 0.02，周边落地的网格结构可取 0.02，设有钢或混凝土结构支承体系的网格结构可取 0.03，厂房钢结构可取 0.045，索结构可取 0.01。

（2）罕遇地震作用时，可取 0.05。

进行钢结构地震作用效应分析时，应考虑自振周期的折减。对于多高层钢结构，折减系数可取 0.8～0.9，对于大跨度钢结构、厂房钢结构和高耸钢结构，折减系数可取 0.9。

抗震性能鉴定为不满足的钢结构或钢结构部分，应根据其不满足的程度以及对结构整体抗震性能的影响，结合后续使用要求，提出相应的维修、加固、改造或更新等抗震减灾措施。

9.2.2　多高层钢结构抗震性能鉴定

本节适用于钢框架、钢支撑框架、钢框架与钢板剪力墙或钢筋混凝土剪力墙体系等多高层建筑钢结构抗震性能的鉴定。

多高层钢结构的整体布置鉴定应核查下列内容：

（1）建筑形体及结构布置的规则性。

（2）重力荷载及水平荷载传递路径的合理性。

（3）承受双向地震作用的能力。

（4）梁、柱、支撑及其节点连接方式的抗震构造措施。

（5）结构材料的抗震性能。

（6）非结构构件与主体钢结构连接的抗震构造措施。

多高层钢结构出现下列情况之一时，其整体布置应鉴定为不满足：

（1）建筑形体为现行国家标准《建筑抗震设计规范》（GB 50011）中规定的严重不规则的建筑。

（2）结构整体会因部分关键构件或节点破坏丧失抗震能力或对重力荷载的承载能力。

（3）结构布置不能形成双向抗侧力体系。

（4）甲、乙类建筑和丙类高层建筑为单跨框架结构。

（5）结构体系采用部分由砌体墙承重的混合形式。

（6）钢材的屈强度实测值与抗拉强度实测值的比值大于 0.85，且应力-应变关系曲线中没有明显的屈服台阶，伸长率小于 20%。

（7）出现对结构整体抗震性能有严重不利影响的其他情况。

多高层钢结构未出现以上所列任一情况时，其整体布置可鉴定为满足，但仍应按下列规定进一步检测、鉴定，对鉴定不符合要求的，应提出相应的改进意见：

（1）平面扭转不规则的结构，应满足楼层最大弹性水平位移不大于楼层水平位移平均值的 1.5 倍，结构扭转为主的第一自振周期与平动为主的第一自振周期之比不大于 0.9 的要求。

（2）对于楼板有效宽度小于该层楼面宽度的 50% 或开洞面积大于该层楼面面积的 30% 或有较大楼层错层的楼面，应满足在楼板边缘和洞口边缘设置边梁、暗梁、楼板适当加厚和合理布置钢筋等附加构造措施的要求。

（3）抗侧力构件竖向不连续时，应有水平转换构件将其内力向下传递，所传递的内力应根据水平转换构件的类型乘以 1.25~2.0 的增大系数。

（4）侧向刚度不规则的结构中的薄弱楼层应有加强措施，使该层的侧向刚度不小于相邻上一层的 60%，该层的抗剪承载力不应小于相邻上一层的 65%。

（5）竖向不规则结构的薄弱层的地震剪力，应乘以不小于 1.15 的增大系数。

（6）中心支撑不宜采用 K 形支撑，不应采用只能受拉的同一方向的单斜杆体系，应采用交叉支撑、人字支撑或不同倾斜方向的只能受拉的单斜杆体系。

（7）非结构构件与主体结构的连接应满足抗震要求。

多高层钢结构构件的抗震构造措施不符合下列规定之一时，应鉴定为不满足：

（1）钢框架梁、柱截面板件的宽厚比不应超过表 9-5 中 D 类截面的限值。

（2）框架柱的长细比，7 度、8 度不应大于 $120\sqrt{235/f_y}$，9 度不应大于 $80\sqrt{235/f_y}$。

（3）梁柱构件的受压翼缘及可能出现塑性铰的部位，应有侧向支撑或防止局部屈曲的措施，梁柱构件两相邻侧向支承点间构件的长细比，应符合现行国家标准《钢结构设计标准》（GB 50017）的有关规定。

（4）中心支撑杆件的长细比，当为按压杆设计时，不应大于 $120\sqrt{235/f_y}$，在 7 度、8 度区当按拉杆设计时，长细比不应大于 180，在 9 度区不应按拉杆设计。

（5）中心支撑杆件的板件宽厚比，不应大于表 9-6 规定的限值。

表 9-6　中心支撑杆件的板件宽厚比限值

板件名称	设防烈度	
	7 度、8 度	9 度
翼缘外伸部分	13	9
工字形截面腹板	33	26
箱形截面壁板	30	24
圆管外径与壁厚比	42	40

注：表列数值适用于 Q235 钢。对其他牌号钢材，圆管时应乘以 $235/f_y$，其他形式截面时应乘以 $\sqrt{235/f_y}$。

（6）偏心支撑框架消能梁段钢材的屈服强度不应大于 345MPa，消能梁段及与消能梁段在同一跨内的非消能梁段，其板件的宽厚比不应大于表 9-7 规定的限值。

表 9-7　偏心支撑框架梁的板件宽厚比限值

板件名称		宽厚比限值
翼缘外伸部分		8
腹板	当 $N/(Af) \leq 0.14$ 时	$90[1-1.65N/(Af)]$
	当 $N/(Af) > 0.14$ 时	$33[2.3-1.0N/(Af)]$

注：表列数值适用于 Q235 钢。对其他牌号钢材，圆管时应乘以 $235/f_y$，其他形式截面时应乘以 $\sqrt{235/f_y}$。

（7）偏心支撑框架支撑杆件的长细比不应大于 $120\sqrt{235/f_y}$，支撑杆件的板件宽厚比不应超过现行国家标准《钢结构设计标准》（GB 50017）规定的轴心受压构件在弹性设计时的宽厚比限值。

多高层钢结构连接节点的抗震构造措施不符合下列规定之一时，应鉴定为不满足：

（1）工字形柱绕强轴方向和箱形柱与梁刚性连接时，应符合下列规定：

①梁翼缘与柱翼缘间应采用全熔透坡口焊缝。

②柱在梁翼缘对应位置应设有横向加劲肋。

（2）梁与柱刚性连接时，柱在梁翼缘上下各 500mm 范围内，柱翼缘与柱腹板或箱形柱壁板间的连接焊缝均应为坡口全熔透焊缝。

（3）柱与柱的工地拼接，在接头上下各 100mm 范围内，柱翼缘与腹板间的焊缝应为全熔透焊缝。

（4）结构高度超过 50m 时，中心支撑两端与框架应为刚接构造，梁柱与支撑连接处应有加劲肋，9 度时，工字形截面支撑的翼缘与腹板的连接应为全熔透连续焊缝。

（5）偏心支撑消能梁段翼缘与柱翼缘之间应为坡口全熔透对接焊缝连接。

（6）偏心支撑框架的消能梁段两端上下翼缘、非消能梁段上下翼缘，应有侧向支撑。

在多遇地震作用下，多高层钢结构的抗震承载力可按《高耸与复杂钢结构检测与鉴定标准》（GB 51008—2016）第 10.1.7 条第 1 款的规定进行验算。

在多遇地震及罕遇地震作用下，多高层钢结构的层间位移可按《高耸与复杂钢结构检测与鉴定标准》（GB 51008—2016）第 10.1.7 条第 2、3 款的规定进行验算。当非结构构件与主体结构为柔性连接时，弹性层间位移角限值 $[\theta_e]$ 可取为 1/200。

81

9.2.3　大跨度及空间钢结构抗震性能鉴定

本节适用于拱、平面桁架、立体桁架、网架、网壳、张弦结构、索结构等基本形式及其组合等体系的大跨度钢屋盖结构抗震性能的鉴定。对于跨度大于120m、结构单元长度大于300m或悬挑长度大于40m的大跨度及空间钢结构，以及其他特殊形式的大跨度及空间钢结构的抗震性能鉴定，应进行专项评估。

大跨度及空间钢结构的整体布置鉴定应检查下列内容：

（1）结构体系与结构布置的合理性。

（2）重力荷载与水平作用传递路径的合理性。

（3）承受三向地震作用的能力。

（4）支承结构的抗震性能。

（5）主要构件和节点以及支座的抗震构造措施。

（6）非结构构件与主体结构连接的抗震构造措施。

大跨度及空间钢结构出现下列情况之一时，其整体布置应鉴定为不满足：

（1）建筑形体为现行国家标准《建筑抗震设计规范》（GB 50011）规定的严重不规则建筑。

（2）整个结构会因部分结构或构件破坏而丧失抗震能力或对重力荷载的承载能力。

（3）单向传力体系，其平面外未设置可靠支撑体系。

（4）采用下弦节点支承的单向传力体系的桁架结构，没有采取可靠措施防止桁架在支座处发生平面外扭转。

（5）单层网壳的节点评定为铰接。

（6）支座节点出现严重损伤或损坏。

（7）出现其他对结构整体抗震性能有严重不利影响的情况。

大跨度及空间钢结构未出现《高耸与复杂钢结构检测与鉴定标准》（GB 51008—2016）第10.3.3条所列任一情况时，其整体布置可鉴定为满足，但仍应按下列规定进一步检测与鉴定，对鉴定不符合要求的，应提出相应的改进意见：

（1）应能将屋盖的地震作用有效传递到下部支承结构。

（2）应具有合理的刚度和质量分布，屋盖及其支承的布置均匀对称。

（3）应有两个方向刚度均衡的传力体系。

（4）结构布置没有因局部削弱或突变而形成的薄弱部位。

（5）下部支承结构应布置合理，屋盖不致产生过大的地震扭转效应。

（6）空间传力体系的结构布置，符合下列规定：

①平面形状为矩形且三边支承一边开口的结构体系，其开口边有加强措施，

并保证其刚度足够。

②两向正交正放网架、双向张弦结构，沿周边支座设有封闭的水平支撑。

（7）当屋盖分区域采用不同的结构形式时，交界区域的杆件和节点应有加强措施，也可用防震缝分离，缝宽不宜小于150mm。

（8）多点支承网架的柱顶支点处，宜有柱帽。

（9）屋面围护系统、吊顶及悬吊物等非结构构件应与结构可靠连接，其抗震措施应符合现行国家标准《建筑抗震设计规范》（GB 50011）的规定。

大跨度及空间钢结构构件的抗震构造措施不符合下列规定之一时，应鉴定为不满足：

（1）构件的截面尺寸规格：普通角钢不应小于∟50×3，钢管不应小于 $\phi18\times3$，结构跨度大于60m时，钢管不应小于 $\phi60\times3.5$。

（2）后续使用年限大于或等于50年时，构件的长细比不应超过表9-8规定的限值；后续使用年限小于50年时，构件的长细比不应超过表9-9规定的限值。

表 9-8　大跨屋盖钢结构杆件的长细比限值（1）

杆件类型	轴拉、拉弯	轴压	压弯
一般杆件	250	180	150
主要杆件	200	150（120）	150（120）

注：表列数值不适用于拉索等柔性构件；8度、9度时为括号内的数值。

表 9-9　大跨屋盖钢结构杆件的长细比限值（2）

结构形式	杆件类型	杆件受压与压弯	杆件受拉与拉弯
单层网壳	所有杆件	150	250
其他网格结构	支座附近杆件、直接承受动力荷载杆件	180	250
	一般杆件		300
其他空间结构	柱、桁架构件及柱的缀条	150	250
	支撑	180	250

注：表列数值不适用于拉索等柔性构件。

（3）构件截面板件的宽厚比不应超过《高耸与复杂钢结构检测与鉴定标准》（GB 51008—2016）表10.1.9中D类截面的限值。

大跨度及空间钢结构节点的抗震构造措施不符合下列规定之一时，应鉴定为不满足：

（1）杆件或杆件轴线宜相交于节点中心。

（2）连接各杆件的节点板厚度不宜小于连接杆件最大壁厚的1.2倍。

（3）相贯节点，内力较大方向的杆件贯通，贯通杆件的壁厚不应小于焊于其上各杆件的壁厚。

（4）焊接球节点，球体壁厚不应小于相连杆件最大壁厚的 1.3 倍，空心球的外径与主钢管外径之比不宜大于 3，空心球径厚比不宜大于 45，空心球壁厚不宜小于 4mm。

（5）螺栓球节点，球体不应出现裂缝，套筒不应偏心受力，螺栓轴线应通过螺栓球中心。

（6）支座的抗震构造应符合下列规定：

①支座节点构造传力可靠、连接简单、符合计算假定，未产生不可忽略的变形。

②水平可滑动的支座，具有足够的滑移空间，并设有限位措施。

③8 度、9 度时，多遇地震作用下只承受竖向压力的支座，应为拉压型构造。

④固定铰支座，有可靠的水平反力传递机制，预埋件锚固承载力不应低于连接件。

⑤屋盖结构采用隔震及减震支座时，其性能参数、耐久性及相关构造应符合现行国家标准《建筑抗震设计规范》（GB 50011）的有关规定。

结构分析时，网架、双层网壳的节点可假定为铰接，构件为杆单元；单层网壳节点应假定为刚接，构件为梁柱单元；当结构中的拉索为钢丝束、钢丝绳、钢绞线或钢棒时，可假定为只受拉单元；索构件如果采用型钢，则简化为刚性索，可承受拉力和部分弯矩。

在多遇地震作用下，大跨度及空间钢结构的抗震承载力可按《高耸与复杂钢结构检测与鉴定标准》（GB 51008—2016）第 10.1.7 条第 1 款的规定进行验算，抗震性能调整系数取 1.0。在验算构件的承载力时，关键构件、节点的地震组合内力设计值应乘以增大系数，增大系数取值按现行国家标准《建筑抗震设计规范》（GB 50011）的规定采用。

在多遇地震作用下，大跨度及空间钢结构的变形可按《高耸与复杂钢结构检测与鉴定标准》（GB 51008—2016）第 10.1.7 条第 2 款的规定进行验算。罕遇地震作用下的抗震性能宜通过结构整体失效分析鉴定，可按结构形成塑性机构或达到弹塑性动力失稳极限状态确定其抗失效承载力。

9.2.4 厂房钢结构抗震性能鉴定

本节适用于承重结构由实腹式或格构式钢柱、钢桁架或钢梁等组成的单跨和多跨单层结构厂房的抗震性能检测与鉴定。

厂房钢结构的整体布置鉴定应重点核查下列内容：

（1）结构体系的合理性，应包括主框架、天窗架、气楼架、墙架和吊车梁系统的布置。

（2）屋盖和柱间支撑的完整性。

（3）防震缝设置的合理性。

（4）围护结构、辅助结构等非结构构件与主体结构连接的抗震构造措施。

厂房钢结构出现下列情况之一时，其整体布置应鉴定为不满足：

（1）整个结构会因部分结构或构件破坏而丧失抗震能力或对重力荷载的承载能力。

（2）主体结构、屋面支撑和柱间支撑布置不能形成具有抵抗三向地震作用能力的结构体系。

（3）围护系统与主体结构的连接存在构造不合理或承载力不足，或围护系统自身存在坍塌的隐患，或围护系统存在危及主体结构安全的隐患。

（4）结构的主要构件、主要节点或支座等存在会严重影响主体结构抗震能力的缺陷或损伤。

（5）厂房有严重的不均匀沉降。

（6）出现对结构整体抗震性能有严重不利影响的其他情况。

厂房钢结构未出现《高耸与复杂钢结构检测与鉴定标准》（GB 51008—2016）第 10.4.3 条所列任一情况者，其整体布置可鉴定为满足，但仍应按《高耸与复杂钢结构检测与鉴定标准》（GB 51008—2016）第 10.4.5 条 ~ 第 10.4.7 条的规定分别对厂房的结构体系及布置、屋盖支撑的布置及构造、柱间支撑的布置及构造进一步检测与鉴定，对鉴定不符合要求的，应提出相应的改进意见。

厂房钢结构的结构体系及布置应按下列规定进一步检测鉴定：

（1）厂房的横向抗侧力体系，可由各类框架结构体系等组成。厂房的纵向抗侧力体系，8 度、9 度应设柱间支撑；6 度、7 度宜设柱间支撑，也可为刚接框架。

（2）厂房内设有桥式起重机时，吊车梁系统的构件与厂房框架柱的连接应能可靠地传递纵向水平地震作用。

（3）高低跨厂房不宜在一端开口。

（4）厂房的贴建房屋和构筑物不宜设在厂房角部和紧邻防震缝处。

（5）厂房体型复杂或有贴建房屋和构筑物时，宜设有防震缝；两个主厂房间的过渡跨，至少一侧应有防震缝与主厂房脱开。防震缝宽度不宜小于150mm。

（6）厂房内登上起重机的钢梯不应靠近防震缝设置；多跨厂房各跨登上起重机的钢梯不宜设在同一横向轴线附近。

（7）厂房内的工作平台、刚性工作间宜与厂房主体结构脱开或采用柔性连接。

（8）厂房的同一结构单元内，不应有不同的结构形式；厂房单元内不应用横墙和框架混合承重。

（9）各柱列的侧移刚度宜均匀，当有抽柱时，应有抗震加强。

（10）8度和9度时，天窗架宜从厂房单元端部第三柱间开始设置；不应用端壁板代替端天窗架。

（11）8度（0.30 g）和9度时，跨度大于24m的厂房不宜采用大型屋面板。

（12）砖围护墙宜为外贴式，不宜为一侧有墙而另一侧敞开或一侧外贴而另一侧嵌砌等；8度、9度时不应采用嵌砌式；砌体围护墙贴砌时，应与柱柔性连接，并应有措施使墙体不妨碍厂房柱列沿纵向的水平位移；围护墙抗震构造应按现行国家标准《建筑抗震设计规范》（GB 50011）的相关规定鉴定。

（13）各类顶棚的构件与楼板的连接件，应能承受顶棚、悬挂重物和有关机电设施的自重和地震附加作用，其锚固的承载力应大于连接件的承载力；悬挑雨篷或一端由柱支承的雨篷，应与主体结构可靠连接；玻璃幕墙、预制墙板、附属于楼屋面的悬臂构件和大型储物架的抗震构造，应符合设计规定。

厂房钢结构屋盖支撑的布置与构造应按下列规定进一步检测鉴定：

（1）无檩和有檩屋盖的支撑布置以及具有中间井式天窗无檩屋盖的支撑布置，应符合现行国家标准《建筑抗震设计规范》（GB 50011）的规定，不应缺少支撑。

（2）屋盖支撑尚应符合下列规定：

①天窗开洞范围内，在屋脊点处应有上弦通长水平系杆。

②屋架跨中竖向支撑沿跨度方向的间距，6~8度时宜不大于15m，9度时宜不大于12m；当跨中仅有一道竖向支撑时，宜位于屋架跨中屋脊处；当有两道时，宜沿跨度方向均匀布置。

③当采用托架支承屋盖的桁架或横梁结构时，应沿厂房全长设置纵向水平支撑。

④对于高低跨厂房，在低跨屋盖横梁端部处，应沿屋盖全长设置纵向水平支撑。

⑤纵向柱列局部柱间采用托架支承屋盖桁架或横梁时，应沿托架的柱间及向其两侧至少各延伸一个柱间设置屋盖纵向水平支撑。

⑥8度、9度时，横向支撑的横杆应符合压杆要求，交叉斜杆在交叉处不宜中断。

厂房钢结构柱间支撑的布置与构造应按下列规定进一步检测鉴定：

（1）在厂房单元各纵向柱列的中部应设有一道下柱柱间支撑；在7度区厂房单元长度大于120m（采用轻型围护材料时为150m）时以及8度、9度区厂房单元长度大于 90m（采用轻型围护材料时为 120m）时，应在厂房单元的 1/3 区段内各设一道下柱支撑；当柱数不超过 5 个且厂房长度小于 60m 时，可在厂房两端设下柱支撑；上柱柱间支撑应设在厂房单元两端和具有下柱支撑的柱间；柱间支撑宜为 X 形，也可为 V 形、A 形及其他形式；X 形支撑斜杆交点的节点板厚度不应小于 10mm，斜杆与节点板应焊接，与端节点板宜焊接。

（2）柱间支撑杆件的长细比限值，应符合现行国家标准《钢结构设计标准》（GB 50017）的规定。

（3）柱间支撑宜为整根型钢，当热轧型钢超过材料最大长度规格时，可为拼接等强接长。

厂房钢结构构件的抗震构造措施不符合下列规定之一时，应鉴定为不满足：

（1）厂房柱的长细比，轴压比小于 0.2 时，不宜大于 $150\sqrt{235/f_y}$；轴压比不小于 0.2 时，不宜大于 $120\sqrt{235/f_y}$。

（2）厂房梁、柱截面板件的宽厚比不应大于《高耸与复杂钢结构检测与鉴定标准》（GB 51008—2016）表 10.1.9 中 D 类截面的限值。

厂房钢结构节点的抗震构造措施不符合下列规定之一时，应鉴定为不满足：

（1）檩条在屋架或屋面梁上的支承长度不宜小于 50mm，且应与屋架或屋面梁可靠连接，轻质屋面板等与檩条的连接件不应缺失或严重腐蚀。

（2）7~9 度时，大型屋面板在天窗架、屋架或屋面梁上的支承长度不宜小于 50mm，且应三点焊牢。

（3）天窗架与屋架、屋架及托架与柱子、屋盖支撑与屋架、柱间支撑与柱之间应有可靠连接。

（4）8 度、9 度时，吊车走道板的支承长度不应小于 50mm。

（5）山墙抗风柱与屋架上弦或屋面梁应有可靠连接，当抗风柱与屋架下弦连接时，连接点应设在下弦横向支撑节点处。

（6）柱脚宜为埋入式、插入式或外包式柱脚，6 度、7 度时也可为外露式柱脚。

（7）实腹式钢柱采用埋入式、插入式柱脚的埋入深度，不应小于钢柱截面高度的 2.5 倍。

（8）结构式柱采用插入式柱脚的埋入深度，不应小于单肢截面高度或外径的 2.5 倍，且不应小于柱总宽度的 0.5 倍。

（9）采用外包式柱脚时，实腹 H 形截面柱的钢筋混凝土外包高度不宜小于钢结构截面高度的 2.5 倍，箱形截面柱或圆管截面柱的钢筋混凝土外包高度不宜小于钢结构截面高度或圆管截面直径的 3.0 倍。

（10）采用外露式柱脚时，柱脚承载力不宜小于柱截面塑性屈服承载力的

1.2 倍，柱脚锚栓不宜承受柱底水平剪力，柱底剪力应由钢底板与基础间的摩擦力或设置抗剪键及其他措施承担，柱脚锚栓应可靠锚固。

在多遇地震作用下，厂房钢结构的抗震承载力可按《高耸与复杂钢结构检测与鉴定标准》（GB 51008—2016）第 10.1.7 条第 1 款的规定进行验算。

在多遇地震作用下，厂房钢结构可按《高耸与复杂钢结构检测与鉴定标准》（GB 51008—2016）第 10.1.7 条第 2 款的规定进行弹性变形验算。

7 度Ⅲ、Ⅳ类场地和 8 度Ⅰ、Ⅱ类场地的厂房钢结构，宜进行罕遇地震作用下的弹塑性变形验算；8 度Ⅲ、Ⅳ类场地和 9 度时的厂房钢结构，应进行罕遇地震作用下的弹塑性变形验算。

在罕遇地震作用下，厂房钢结构可按《高耸与复杂钢结构检测与鉴定标准》（GB 51008—2016）第 10.1.7 条第 3 款的规定进行弹塑性变形验算。

9.2.5 高耸钢结构抗震性能鉴定

本节适用于包括电视塔、通信塔、导航塔、输电塔、石化塔、大气监测塔、烟囱、排气塔、矿井架、风力发电塔等高耸钢结构抗震性能的检测与鉴定。

高耸钢结构的整体布置鉴定应重点核查下列内容：

（1）建筑形体及其构件分布的规则性。

（2）结构体系布置的合理性。

（3）重力荷载及水平荷载传递的有效性。

（4）承受双向地震作用的能力。

（5）柱脚构造、锚栓紧固状态、节点连接方式的抗震性能。

（6）非结构构件与主体钢结构连接的构造措施。

高耸钢结构出现下列情况之一时，其整体布置应鉴定为不满足：

（1）整个结构会因部分结构或构件破坏而丧失抗震能力或对重力荷载的承载能力。

（2）结构布置不能形成具有抵抗三向地震作用能力的结构体系。

（3）结构的主要构件、主要节点或支座等存在明显的失稳弯曲、裂缝、严重腐蚀和损伤，严重影响高耸钢结构的抗震能力。

（4）高耸钢结构有严重的不均匀沉降，结构出现明显的具有危险的倾斜。

（5）出现对结构整体抗震性能有严重不利影响的其他情况。

高耸钢结构未出现《高耸与复杂钢结构检测与鉴定标准》（GB 51008—2016）第 10.5.3 条所列任一情况者，其整体布置可鉴定为满足，但仍应按下列规定进一步检测与鉴定，对鉴定不符合要求的，应提出相应的改进意见：

（1）结构平面布置宜为规整、对称；抗侧力构件的截面尺寸和材料强度自

下而上宜为逐渐减小；结构的侧向刚度沿竖向宜为均匀变化。

（2）结构横截面横隔的间距不宜大于3个节间；在立柱或塔柱变坡处、拉索节点处或其他主要连接节点处，结构横截面宜有横隔，且横隔应有足够的刚度。

（3）结构截面刚度突变处，宜有减缓刚度突变的构造措施。

高耸钢结构构件的抗震构造措施不符合下列规定之一时，应鉴定为不满足：

（1）构件的截面尺寸规格：普通角钢不应小于∟45×4，钢管壁厚不应小于4mm，圆钢不应小于ϕ16。

（2）构件的长细比不应超过表9-10规定的限值。

表9-10　高耸钢结构构件的长细比限值

构件类别		杆件受压	杆件受拉
塔架	柱肢	150	—
	横杆、斜杆	180	—
	辅助杆	200	—
	拉杆	—	350
桅杆相邻纤维节点间	结构式的换算长细比	100	
	实腹式	150	

（3）构件截面板件的宽厚比不应大于《高耸与复杂钢结构检测与鉴定标准》（GB 51008—2016）表10.1.9中D类截面的限值。

高耸钢结构构件节点的抗震构造措施不符合下列规定之一时，应鉴定为不满足：

（1）节点处各构件或构件轴线宜相交于一点。

（2）角钢塔的腹杆应伸入柱肢连接。用节点板连接时，节点板的厚度不应小于腹杆的厚度，且不应小于5mm。

（3）构件与节点采用螺栓连接时，螺栓的直径不应小于12mm，螺栓数不应少于2个；连接法兰盘的螺栓数不应少于3个；拉杆的销轴连接可为单销轴；柱肢角钢拼接时，在接头一端的螺栓数不宜少于6个。

（4）受剪螺栓的剪切面宜无螺纹，受拉螺栓应有防松措施。

（5）支座节点构造形式应具备传递水平反力、向下和向上竖向反力的机制，并应符合计算假定。

（6）焊接球、螺栓球、相贯节点的抗震构造措施应符合《高耸与复杂钢结构检测与鉴定标准》（GB 51008—2016）第10.3.6条的规定。

在多遇地震作用下，高耸钢结构的抗震承载力可按《高耸与复杂钢结构检测与鉴定标准》（GB 51008—2016）第10.1.7条第1款的规定进行验算。

在多遇地震及罕遇地震作用下，高耸钢结构的变形可按《高耸与复杂钢结构检测与鉴定标准》（GB 51008—2016）第 10.1.7 条第 2 款和第 3 款的规定进行验算。

高耸钢结构的抗震验算，尚应符合下列规定：

（1）6 度、7 度时，可仅考虑水平地震作用；8 度、9 度时，宜同时考虑竖向地震作用和水平地震作用的不利组合。

（2）除验算结构两个主轴方向的水平地震作用外，尚应验算两个正交的非主轴方向的水平地震作用。

（3）高度 200m 以下的结构，可采用振型分解反应谱法；高度 200m 及以上的结构，除采用振型分解反应谱法外，尚宜采用时程分析法进行补充验算。

9.3 既有钢结构可靠性能的评定

9.3.1 一般规定

钢结构系统的检查评估，应根据检查结果按下列情况给出评估结论：

（1）钢结构系统已为危险结构。

（2）钢结构系统具有一定的承载力，尚需进一步详细检测鉴定。

（3）钢结构系统工作状态正常。

钢结构系统的安全性鉴定应包括结构整体性、主要构件的承载力和稳定性、主要节点的强度、结构整体变形、结构整体稳定性的鉴定。

钢结构系统适用性鉴定应分别对结构整体变形、主要构件变形进行等级评定，对高层建筑钢结构及有人驻留的高耸钢结构尚应包括舒适度和振动的等级评定。

钢结构系统耐久性鉴定应分别对钢结构的防护现状和腐蚀状况进行等级评定。

当按承载能力极限状态验算时，根据结构反应特点，可采用线性、非线性或弹塑性理论；当按正常使用极限状态验算时，可采用线性理论或非线性理论；对于大跨度及空间钢结构，应进行非线性整体稳定性验算。

在结构安全性鉴定中，可对结构受力复杂区域或节点进行精细化数值分析。

进行结构动力分析时，可根据动力实测结果对结构的初始刚度和阻尼比进行修正。

9.3.2 多高层钢结构可靠性鉴定

多高层钢结构整体性检查应包括下列内容：

（1）结构实物与设计图纸的符合程度。

（2）结构体系、结构平面和竖向布置、楼盖结构布置、基础形式、构件选型以及节点连接构造。

（3）结构构件、楼面、抗侧力结构单元及节点的缺陷、变形、损伤。

（4）基础沉降、建筑物倾斜。

（5）建筑物外围护墙体开裂、损坏、渗漏情况。

（6）建筑物内部装修、隔墙等连接节点的变形、开裂。

（7）建筑物内工作人员对风激振动的主观反映情况。

多高层钢结构的安全性鉴定，应按结构整体性、结构承载安全性两个项目分别评定等级，并应取其中的较低等级作为安全性鉴定等级，且应符合下列规定：

（1）多高层钢结构的整体性等级应根据结构体系和布置按表 9-11 的规定评定。

表 9-11 钢结构整体性等级

等级	A_u	B_u	C_u	D_u
评定内容	结构体系合理，抗侧力结构布置恰当，传力路径明确，不存在影响整个结构系统性能的薄弱构件或节点，构件选型和连接符合设计规定，满足安全	结构体系基本合理，抗侧力结构布置基本恰当，传力路径基本明确，不存在显著影响整个结构系统性能的薄弱构件或节点，构件选型和连接基本符合设计规定，基本满足安全	结构体系不合理，抗侧力结构布置不当，传力路径不明确，构件选型和连接不符合设计规定，影响安全	结构体系不合理，抗侧力结构布置不当，传力路径不当，构件选型和连接严重不符合设计规定，严重影响安全

（2）多高层钢结构承载安全性等级，当根据承载能力极限状态分析结果评定时，应按表 9-12 的规定评定。

表 9-12 多高层钢结构承载安全性等级

鉴定等级	A_u	B_u	C_u	D_u
主要构件或主要节点	仅含 a_u 级	不含 c_u、d_u 级	不含 d_u 级	含 d_u 级
一般构件或连接或节点	不含 c_u、d_u 级	不含 d_u 级		

多高层钢结构的适用性鉴定，应按结构侧向位移变形和楼面挠曲变形两个项目分别评定等级，并应取其中的较低等级作为适用性鉴定等级。对于高层钢结构系统，尚应根据风激振动评定舒适性等级，并应按其中的最低等级确定适用性鉴

定等级，且应符合下列规定：

（1）多高层钢结构在水平风荷载作用下的侧向位移变形，可根据现状检测或验算分析结果，按下列规定评定等级：

①符合设计规定，所有构件均为 a_s 级，墙体、装修等无明显损坏或损伤，可评定为 A_s 级。

②基本符合设计规定，不含 c_s 级构件，墙体、装修等存在明显损坏或损伤，但对正常使用无明显影响，可评定为 B_s 级。

③不符合设计规定，墙体、装修等存在明显损坏或损伤，对正常使用有明显影响，可评定为 C_s 级。

（2）多高层钢结构楼盖挠曲变形等级，应根据现状检测结果按表 9-13 的规定评定。

表 9-13　多高层钢结构楼盖结构挠曲变形等级

等级	A_s	B_s	C_s
评定内容	符合设计规定，所有构件均为 a_s 级	基本符合设计规定，不影响正常使用，不含 c_s 级构件	不符合设计规定，影响正常使用

（3）多高层钢结构风激振动舒适性等级应根据调查检测及验算分析结果按表 9-14 的规定评定。

表 9-14　多高层钢结构风激振动舒适性等级

等级	A_s	B_s	C_s
评定内容	建筑顶点最大加速度值不大于设计规定	建筑顶点最大加速度值大于设计规定	室内人员有建筑物晃动引起的不适感觉

注：当计算结果大于设计规定的限值时，不应评定为 A_s 级。

多高层钢结构的耐久性鉴定，应按结构防护现状与防火现状两个项目分别评定等级，取其中的较低等级作为耐久性鉴定等级，并应符合下列规定：

（1）多高层钢结构的防护现状，应根据楼层子结构评级结果按表 9-15 的规定评定等级。

表 9-15　多高层钢结构防护等级

结构综合等级	A_d	B_d	C_d
楼层子结构评级统计	B_d 级不多于 30%，且无 C_d 级	C_d 级不多于 30%	C_d 级多于 30%

（2）多高层钢结构楼层子结构的防护现状，应根据构件及连接节点防护评级结果，按表 9-16 的规定评定等级，并应取其中较低等级作为楼层子结构防护等级。

表 9-16　多高层钢结构楼层子结构防护等级

子结构等级	A_d	B_d	C_d
主要结构构件及其连接节点	b_d 级不多于 20%，且无 c_d 级	c_d 级不多于 20%	c_d 级多于 20%
其他构件及其连接节点	b_d 级不多于 50%，且无 c_d 级	c_d 级不多于 50%	c_d 级多于 50%

注：表中构件及节点的耐久性等级按《高耸与复杂钢结构检测与鉴定标准》（GB 51008—2016）第 5.6 节的规定评定。

（3）多高层钢结构的防火现状等级，应根据防火措施是否符合设计要求或基于系统抗火分析结果是否符合要求进行评定，符合要求时，可评定为 A_d 级，否则根据不符合程度评定为 B_d 级或 C_d 级。

9.3.3　大跨度及空间钢结构可靠性鉴定

大跨度及空间钢结构整体性检查应包括下列内容：

（1）结构实物与设计图纸的符合程度。

（2）结构体系、支撑系统、主要构件形式、主要节点构造及支座节点布置和构造。

（3）结构整体挠曲变形、支座节点变形和移位或沉降。

（4）主要构件损伤、主要节点损伤。

（5）结构表面涂层质量和腐蚀状况。

大跨度及空间钢结构的安全性鉴定，应按结构整体性和结构承载安全性两个项目分别评定等级，并应取其中的较低等级作为安全性鉴定等级。

大跨度及空间钢结构整体性等级，应根据结构体系及支撑布置、主要构件形式、主要节点构造、主要支座节点构造四个项目，按表 9-17 的规定评定。

表 9-17　大跨度及空间钢结构整体性等级

等级	A_u	B_u	C_u	D_u
评定内容	四个项目均符合设计要求	有一项或多项不符合设计要求，但不影响安全使用	有一项或多项不符合设计要求，影响安全使用	有一项或多项不符合设计要求，严重影响安全使用

大跨度及空间钢结构承载安全性等级，应根据理论计算结果，按主要构件及主要节点的评定等级以及结构整体稳定性评定等级中的较低等级确定，并应符合下列规定：

（1）当根据主要构件及主要节点的受力评定等级时，可按表 9-12 的规定评定。

（2）当根据结构整体稳定性计算结果评定等级，整体稳定极限承载系数不小于设计规定值时，可评定为 A_u 级，否则评定为 C_u 级或 D_u 级。

大跨度及空间钢结构的适用性鉴定，应根据现场实测和理论模型计算结果，对结构整体挠曲变形、支座变形或位移两个项目按表9-18的规定分别评定等级，并应取其中的较低等级作为适用性鉴定等级，且应符合下列规定：

（1）当有实测结果时，应依据实测结果进行评定。

（2）计算结构挠曲变形的荷载条件应为恒荷载为主的标准组合。

表9-18　大跨度及空间钢结构适用性等级

等级	A_s	B_s	C_s
整体挠曲变形（ω）	$\omega \leq [\omega]$	$[\omega] \leq \omega \leq 1.15[\omega]$	$\omega \geq 1.15[\omega]$
支座变形或位移	不明显	明显，但不影响使用功能	过大，影响使用功能

注：$[\omega]$ 表示设计规定的最大挠曲变形。

大跨度及空间钢结构的耐久性鉴定，应按构件及连接节点的表面防护现状与防火现状分别评定等级，并应取其中的较低等级作为耐久性鉴定等级，且应符合下列规定：

（1）当根据结构构件及节点表面的防护现状评定耐久性等级时，应根据表9-16的规定评定。

（2）当根据结构的防火现状评定耐久性等级时，应根据《高耸与复杂钢结构检测与鉴定标准》（GB 51008—2016）第8.2.4条第3款的规定评定。

9.3.4　厂房钢结构可靠性鉴定

厂房钢结构整体性检查应包括下列内容：

（1）结构实物与设计图纸的符合程度。

（2）柱脚沉降和移位、厂房柱倾斜。

（3）结构体系、梁柱构件选型与节点构造、构件及节点的缺陷与变形及损伤。

（4）支撑布置、支撑构造和连接、支撑杆件的缺陷与变形及损伤。

（5）吊车梁、制动系统、辅助系统及其连接、吊车梁系统构件的缺陷与变形及损伤。

厂房钢结构的可靠性应按照承重结构、支撑系统、吊车梁系统分别进行鉴定。

承重结构的安全性鉴定，应按结构整体性和承载安全性两个项目分别评定等级，并应取其中的较低等级作为安全性鉴定等级，同时应考虑过大水平位移或明显振动对承重结构或其中部分结构安全性的影响。

承重结构的整体性等级应根据结构体系及布置、主要构件形式、主要节点构造，按表9-19的规定评定。

表 9-19 承重结构的整体性等级

等级	A_u	B_u	C_u	D_u
评定内容	结构体系及布置合理，传力途径明确，不存在影响整个系统安全性的薄弱构件与节点，构件选型、节点构造和连接符合设计规定	结构体系及布置基本合理，传力途径基本明确，不存在显著影响整个系统安全性的薄弱构件与节点，构件选型、节点构造和连接基本符合设计规定	结构体系或布置不合理，传力途径不明确，构件选型、主要节点构造和连接不符合设计规定，影响安全	结构体系或布置不合理，传力途径不明确，构件选型、主要节点构造和连接严重不符合设计规定，严重影响安全

承重结构的承载安全性等级，可根据理论计算结果，按主要构件及主要节点的评定等级以及结构整体稳定性评定等级中的较低等级确定，且应符合下列规定：

（1）当根据主要构件及主要节点的受力评定等级时，应按表 9-12 的规定评定。

（2）根据结构整体稳定性计算结果评定等级时，应按《高耸与复杂钢结构检测与鉴定标准》（GB 51008—2016）第 8.3.4 条第 2 款的规定评定。

承重结构的适用性鉴定，应按结构水平位移或变形、结构振动两个项目分别评定等级，并应取其中的较低等级作为适用性鉴定等级，且应符合下列规定：

（1）承重结构的位移或变形等级，可采用检测或计算的结果，按表 9-20 的规定评定，尚应符合下列规定：

①在设有 A8 级吊车的厂房中，厂房 A_s 级位移限值应减小 10%。

②位移为最大的一台吊车水平荷载作用下的水平位移值。

③单层厂房横向位移或倾斜为最大的一台吊车水平荷载作用下的水平位移值。

表 9-20 按结构水平位移或倾斜变形评定适用性等级

评定项目		位移或倾斜值/mm		
		A_s	B_s	C_s
单层厂房	有吊车厂房横向位移	$\leq H_T/1250$	大于 A_s 级限值，但不影响吊车运行	大于 A_s 级限值，影响吊车运行
	无吊车厂房横向位移	$\leq H/1000$ $H>10\text{m}$ 时 $\leq 25\text{mm}$	$>H/1000$，$\leq H/700$ $H>10\text{m}$ 时 $>25\text{mm}$，$\leq 35\text{mm}$	$>H/700$ 或 $H>10\text{m}$ 时 $>35\text{mm}$
	厂房柱纵向位移	$\leq H/4000$	大于 A_s 级限值，但不影响吊车运行	大于 A_s 级限值，影响吊车运行

评定项目		位移或倾斜值/mm		
		A_s	B_s	C_s
多层厂房	层间位移	$\leqslant H_i/400$	$> H_i/400$，$\leqslant H_i/350$	$> H_i/350$
	顶点位移	$\leqslant H/500$	$> H/500$，$\leqslant H/450$	$> H/450$
	厂房倾斜	$\leqslant H/1000$ $H>10\text{m}$ 时 $\leqslant 35\text{mm}$	$> H/1000$，$\leqslant H/700$ $H>10\text{m}$ 时 $>35\text{mm}$，$\leqslant 45\text{mm}$	$> H/700$ 或 $H>10\text{m}$ 时 $>45\text{mm}$

注：H 为自基础顶面至厂房柱顶总高度；H_i 为层高；H_T 为基础顶面至吊车梁或吊车桁架顶面的高度。

（2）当需要考虑振动对承重结构整体或局部的影响时，可按《高耸与复杂钢结构检测与鉴定标准》（GB 51008—2016）第 7.1 节的规定进行检测，并按设计要求评定适用性等级。

厂房钢结构支撑系统的安全性鉴定，应按整体性、承载安全性和构件长细比三个项目分别评定等级，并应取其中的最低等级作为安全性鉴定等级，且应符合下列规定：

（1）支撑系统整体性等级，应根据支撑设置的完整性、支撑杆件形式、节点构造与连接，按表 9-21 的规定评定。

表 9-21　支撑系统整体性等级

等级	A_u	B_u	C_u	D_u
评定内容	支撑设置齐全，杆件选型合理，节点构造与连接符合设计规定	支撑设置齐全，杆件选型基本合理，节点构造与连接基本符合设计规定	支撑设置不全，杆件选型不合理，节点构造与连接不符合设计规定	支撑设置不全，杆件选型很不合理，节点构造与连接严重不符合设计规定

（2）支撑系统的承载安全性等级，应根据支撑构件及节点的承载力验算结果，按表 9-12 的规定评定。

（3）支撑系统构件长细比等级，应根据设计规定评定，符合规定时，可评定为 A_u 级，否则根据其不符合程度评定为 B_u 级或 C_u 级。

厂房钢结构支撑系统的适用性鉴定，应根据其挠曲变形程度评定等级。当支撑的最大侧向挠曲变形不超过设计规定的最大容许挠曲变形时，可评定为 A_s 级，否则根据其挠曲变形程度评定为 B_s 级或 C_s 级。

吊车梁结构系统的安全性鉴定，应按其整体性和承载安全性两个项目分别评定等级，并应取其中的较低等级作为安全性鉴定等级，且应符合下列规定：

（1）吊车梁结构系统的整体性等级，应根据吊车梁选型、制动及辅助结构布置、整体构造与连接，按表 9-22 的规定进行评定。

表 9-22　吊车梁结构系统的整体性等级

等级	A_u	B_u	C_u	D_u
评定内容	吊车梁选型合理，制动系统及辅助系统布置恰当，吊车梁系统整体构造和连接符合设计规定	吊车梁选型基本合理，制动系统及辅助系统布置基本恰当，吊车梁系统整体构造和连接基本符合设计规定	吊车梁选型不合理，制动系统及辅助系统布置不当，吊车梁系统整体构造和连接不符合设计规定	吊车梁选型不合理，制动系统及辅助系统布置不当，吊车梁系统整体构造和连接严重不符合设计规定

（2）吊车梁结构系统的承载安全性等级，应根据吊车梁及其节点、制动结构及其节点的承载力验算结果，按表 9-12 的规定评定；对于超设计寿命使用或有疲劳损坏现象或隐患的吊车梁，尚应根据《高耸与复杂钢结构检测与鉴定标准》（GB 51008—2016）第 7.2 节进行疲劳性能专项检测评定。

吊车梁结构系统的适用性鉴定，应对吊车梁及其辅助结构的变形按表 9-23 的规定分别评定等级，并应取其中的较低等级作为适用性鉴定等级。

表 9-23　吊车梁结构系统的适用性等级

等级	A_s	B_s	C_s
吊车梁	最大挠曲及侧弯不超过设计规定	最大挠曲及侧弯超过设计规定，尚能使用	最大挠曲及侧弯超过设计规定，不能使用
辅助结构	最大变形不超过设计规定	最大变形超过设计规定，不影响正常使用	最大变形超过设计规定，影响正常使用

厂房钢结构的耐久性鉴定，应根据构件及连接节点的表面防护现状与防火现状，按《高耸与复杂钢结构检测与鉴定标准》（GB 51008—2016）第 8.3.6 条的规定评定。

9.3.5　高耸钢结构可靠性鉴定

高耸钢结构整体性检查应包括下列内容：

（1）结构实物与设计图纸的符合程度。

（2）结构体系选型、柱肢及主要构件形式、主要节点构造及柱脚构造、基础结构形式。

（3）结构整体侧倾、柱肢变形、柱脚变形、基础沉降、锚栓紧固状态。

（4）主要构件损伤、主要节点损伤。

（5）结构表面涂层质量和腐蚀状况。

高耸钢结构安全性鉴定，应按结构整体性和结构承载安全性两个项目分别评定等级，并应取其中的较低等级作为安全性鉴定等级。

高耸钢结构整体性等级，应根据结构体系、柱肢及主要构件形式、主要节点构造、柱脚构造四个项目，按《高耸与复杂钢结构检测与鉴定标准》（GB 51008—2016）表8.3.3的规定评定。

高耸钢结构承载安全性等级，应根据柱肢、支撑、横梁及其连接节点柱脚等承载力的理论计算结果，按表9-12的规定评定。

高耸钢结构的适用性鉴定，应按结构整体倾斜、柱肢弯曲变形、柱脚变形或位移、结构整体角位移和有人驻留处的舒适性三个项目分别评定等级，并应取其中的最低等级作为适用性鉴定等级，且应符合下列规定：

（1）结构整体倾斜、柱肢弯曲变形、柱脚变形或位移的等级，可根据现场实测结果和理论模型计算结果，按表9-24的规定评定，并应按其中的最低等级确定。

表9-24　高耸钢结构系统的适用性等级

评定项目	A_s	B_s	C_s
整体倾斜，在以风为主的荷载标准组合下	$\leq [\theta]$	$[\theta] < \theta \leq 1.15 [\theta]$	$> 1.15 [\theta]$
柱肢弯曲变形	$\leq [\delta]$	$[\delta] < \delta \leq 1.15 [\delta]$	$> 1.15 [\delta]$
柱脚变形或位移	不明显	明显，但不影响使用功能	过大，影响使用功能

注：$[\theta]$、$[\delta]$分别表示设计规定的结构最大容许倾角、柱肢弯曲。

（2）安装有特定设备的高耸钢结构，当结构整体角位移不超过设计容许值时，其适用性等级可评定为A_s级，否则根据对设备工作状况的影响程度评定为B_s级或C_s级。

（3）上人的高耸钢结构，当人驻留处结构的振动加速度幅值不超过容许值时，其适用性等级可评定为A_s级，否则根据振动加速度幅值超过容许值的程度评定为B_s级或C_s级。

高耸钢结构的耐久性鉴定，应根据构件及连接节点的表面防护现状和防火现状，按《高耸与复杂钢结构检测与鉴定标准》（GB 51008—2016）第8.3.6条的规定评定。

第10章 既有钢结构检测鉴定工程实例

10.1 某炼钢厂废钢跨工程鉴定实例

10.1.1 工程概况

某炼钢厂废钢跨工程建于 2007 年，结构形式为单层单跨门式刚架结构，东西跨度为 33.00m，南北柱距为 6.00m，总长度为 101.40m，设有 2 台 32/10t 级 A6 级工作制吊车和 2 台 16t 级 A6 级工作制吊车。由于扩大生产需要，建设单位于 2010 年委托河北某建设集团勘察设计有限公司对其北延 3 跨（⑯~⑱轴）进行了扩建设计，同年由中国二十二冶集团有限公司对其进行施工。结构平面布置图如图 10-1 所示。

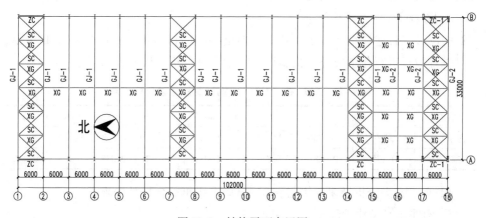

图 10-1 结构平面布置图

目前，吊车运行时发现该结构晃动明显，为查明该工程晃动原因，依据《高耸与复杂钢结构检测与鉴定标准》（GB 51008—2016）对该工程进行检测鉴定。

10.1.2 工程使用状况调查

（1）查阅该工程建筑结构档案资料，发现该工程竣工图资料齐全。

（2）该工程建成后是废钢跨搬迁车间，使用用途未改变，荷载等均未发生改变；使用环境为正常环境。

（3）吊车运行时对该结构晃动情况进行观察发现：吊车以不同负荷运行时该结构的晃动情况差别较大，吊车调运吨位较小时，结构晃动不明显或轻微晃动；调运吨位较大时，即达到额定起重量的 60% 及以上时晃动明显，主要是南北向晃动。

10.1.3 检测鉴定内容及结果

1. 建筑物现状普查

对该建筑物现场普查发现：

（1）地基基础：未发现地基基础出现明显沉降、上部结构倾斜等情况。

（2）上部承重结构及围护系统：①Ⓑ×⑦～⑧轴之间无柱间支撑，其他部位的柱间支撑布置与设计图纸相符；②水平支撑与设计图纸相符，但水平支撑有明显松动现象；③经查看设计图纸和工程现场发现，该工程未在屋盖边缘设置纵向支撑桁架；④屋面为彩色压型钢板屋面。

根据《门式刚架轻型房屋钢结构技术规范》（GB 51022—2015），该工程的结构布置及构造不符合相关规范要求。

2. 刚架材质调查及化学分析

查阅该工程建筑结构档案资料，刚架梁和柱的材质相同，均为 Q345B 级钢，并对钢柱取样进行化学成分分析验证，化学成分分析结果见表 10-1。

表 10-1 16Mn 钢（Q345 级钢）材质化学分析结果

化学成分	C	S	Si	Mn	P	Cr	Ni	Cu
成分范围	0.13～0.19	≤0.030	0.20～0.60	1.20～1.60	≤0.030	≤0.30	≤0.30	≤0.25
实测结果	0.175	0.028	0.408	1.406	0.022	0.035	0.025	0.030

根据表 10-1 分析结果，钢材材质为 Q345 级钢符合设计要求。

3. 构件几何尺寸

对该工程刚架柱、刚架梁、吊车梁、牛腿和檩条的几何尺寸采用 GM100 型超声波测厚仪、游标卡尺和钢尺进行检测。因该工程在吊车运行过程中出现明显晃动，怀疑结构出现质量问题，抽样数量根据《建筑结构检测技术标准》（GB/T 50344）表 3.3.13 中 B 类检测进行抽样。

经统计，抽取样本数量为：钢柱 10 根、钢梁 16 根、吊车梁 8 根、牛腿 8 处。经统计计算，检测结果（单位为 mm）为：

（1）钢柱几何尺寸设计值为 $600 \times 300 \times 8 \times 12$（高度×翼缘宽度×腹板厚度×翼缘厚度），实际检测值为 $594 \times 300 \times 7.2 \times 11.2$。

（2）变截面钢梁几何尺寸设计值为 $900/500 \times 220 \times 6 \times 10$（高度×翼缘宽度×腹板厚度×翼缘厚度），实际检测值为 $893/493 \times 217 \times 5.4 \times 9.1$。

（3）吊车梁几何尺寸设计值为 $900 \times 360 \times 250 \times 10 \times 16 \times 12$（高度×上翼缘宽度×下翼缘宽度×腹板厚度×上翼缘厚度×下翼缘厚度），实际检测值为 $895 \times 357 \times 247 \times 9.1 \times 15.1 \times 11.1$。

（4）牛腿几何尺寸设计值为 $520 \times 320 \times 550 \times 14.0 \times 10.0 \times 14.0$（$H \times B \times L \times ① \times ② \times ③$，含义如图 10-2 所示），实际检测值为 $515 \times 322 \times 553 \times 13.2 \times 9.0 \times 13.0$。

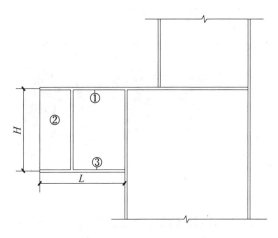

图 10-2　牛腿示意图

根据《钢结构工程施工质量验收规范》（GB 50205—2001）表 C.0.1 可知，当 $500\text{mm} < $ 截面高度 $h < 1000\text{mm}$ 时，h 允许偏差为 $\pm 3.0\text{mm}$；截面宽度 b 允许偏差为 $\pm 3.0\text{mm}$。根据《热轧钢板和钢带的尺寸、外形、重量及允许偏差》（GB/T 709—2006）可知，$8\text{mm} < $ 钢板厚度 $\leqslant 15\text{mm}$ 时，允许偏差为 $+0.70\text{mm}$ 和 -0.40mm；$15\text{mm} < $ 钢板厚度 $\leqslant 25\text{mm}$ 时，允许偏差为 $+0.85\text{mm}$ 和 -0.45mm。

故上述检测数据中所检刚架柱、刚架梁、吊车梁和牛腿的几何尺寸不满足《钢结构工程施工质量验收规范》（GB 50205—2001）和《热轧钢板和钢带的尺寸、外形、重量及允许偏差》（GB/T 709—2006）允许偏差的要求。

4. 吊车梁、牛腿和钢柱节点连接检测和检查

对该工程吊车梁、牛腿和钢柱连接节点采用渗透法和目测法进行检测和普

查，抽检 10 处。检测结果表明：

（1）牛腿下翼缘与刚架柱之间连接焊缝未发现裂纹性缺陷，如图 10-3 所示。

图 10-3　连接焊缝未发现裂纹性缺陷

（2）部分吊车梁之间连接螺栓明显松动，如图 10-4 所示。

图 10-4　部分吊车梁之间连接螺栓松动

（3）部分吊车梁下垫板翘起且部分弯曲，如图 10-5 所示。

图 10-5　部分吊车梁下垫板翘起且部分弯曲

（4）刚架柱、刚架梁、吊车梁及它们之间的连接部位明显锈蚀，如图 10-6 所示。

图 10-6　节点锈蚀

5. 刚架柱垂直度和吊车梁侧向变形检测

对该工程刚架柱和吊车梁变形采用 ET210 型电子经纬仪、钢尺和施工线进行检测，检测数量为刚架柱和吊车梁各抽取 8 根。检测结果见表 10-2 和表 10-3。

表 10-2　刚架柱垂直度检测结果

序号	构件编号	垂直度检测值/mm	
		向南为正，向北为负	向东为正，向西为负
1	35 × Ⓑ	45	2
2	34 × Ⓑ	58	15
3	31 × Ⓑ	− 10	− 2
4	26 × Ⓑ	75	− 5
5	32 × Ⓐ	56	26
6	31 × Ⓐ	− 20	2
7	28 × Ⓐ	90	16
8	27 × Ⓐ	32	9

根据《钢结构工程施工质量验收规范》（GB 50205—2001）可知，刚架柱垂直度允许偏差为 $H/1000$mm，且不应大于 25.0mm，经计算，刚架柱垂直度的允许偏差为 16.5mm。故由表 10-2 可知，刚架柱的垂直度不满足《钢结构工程施工质量验收规范》（GB 50205—2001）中允许偏差的要求，且南北向（平面外）偏差较东西向（平面内）大。

表 10-3　吊车梁侧向弯曲变形检测结果

序号	构件编号	侧向弯曲检测值/mm
1	Ⓑ × 37 ~ 38	3.6
2	Ⓑ × 36 ~ 37	3.9
3	Ⓑ × 35 ~ 36	2.5
4	Ⓑ × 34 ~ 35	3.3
5	Ⓑ × 33 ~ 34	3.7
6	Ⓑ × 32 ~ 33	2.1
7	Ⓑ × 21 ~ 22	3.6
8	Ⓑ × 22 ~ 23	3.7

根据《钢结构工程施工质量验收规范》（GB 50205—2001）表 E.0.2 可知，吊车梁侧向弯曲矢高的允许偏差为 $l/1500$，且不应大于 10.0mm，经计算，吊车梁侧向弯曲矢高为 4mm。故由表 10-3 可知，检测结果满足要求。

6. 承载力核算

根据现场检测结果和《建筑结构荷载规范》（GB 50009—2012），承载力核算时荷载取值如下：

（1）屋面恒荷载：0.40kN/m^2；活荷载：0.30kN/m^2；基本风压：0.30kN/m^2。

（2）基本雪压：0.35kN/m^2，地面粗糙程度为 B 类。

（3）吊车荷载：2 台 32/10t 级天车，A6 级工作制；2 台 16t 级天车，A6 级工作制。

（4）根据《建筑抗震设计规范》（GB 50011—2010），该地区抗震设防烈度为 7 度，设计基本地震加速度值为 0.10g，地震分组为第二组。

该工程建于 2007 年，使用年限较短，且主要承重钢构件未出现明显截面损失，故后续目标使用年限按 50 年考虑，根据《高耸与复杂钢结构检测与鉴定标准》（GB 51008—2016）表 3.1.7 的规定，结构重要性系数 γ_0 取 1.00。

采用中国建筑科学研究院研制的 PKPM 系列软件进行核算，计算结果表明：

（1）①~⑮轴间 GJ-1 的下阶钢柱强度应力比小于 1.0，不满足承载力要求，上阶柱平面内和平面外稳定应力比小于 1.0，且平面外稳定应力比小于平面内，表明其稳定承载力不满足要求，且平面外的稳定性较平面内更差；中间部分刚架梁的强度应力比和平面内外稳定应力比均小于 1.0，表明其承载力不满足要求，且平面外的稳定应力比较平面内大，表明平面外的稳定性更差，如图 10-7 所示；⑯~⑱轴间 GJ-2 承载力满足要求。

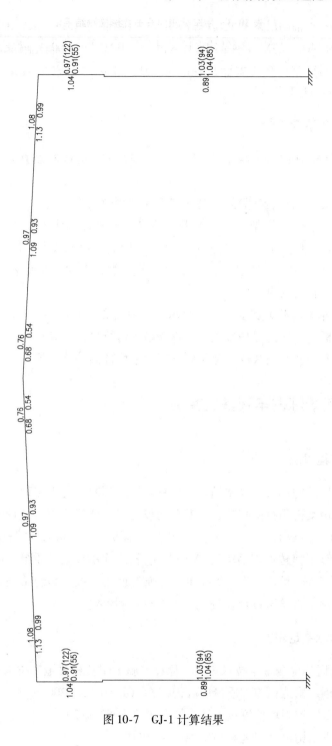

图 10-7　GJ-1 计算结果

（2）①~⑱轴间吊车梁上翼缘最大应力大于其承载力设计值；吊车梁跨度与竖向挠度之比为1464，超出《钢结构设计规范》（GB 50017—2003）附录 A 的要求。

（3）柱间支撑长细比大于其容许长细比，不满足《钢结构设计规范》（GB 50017—2003）的要求。

10.1.4 检测鉴定结论

根据上述检测数据并经计算分析，该工程在吊车运行过程中出现晃动的原因如下：

（1）该工程的结构布置及构造不符合相关规范要求。

（2）①~⑮轴间刚架不满足承载力要求，上阶柱和刚架梁平面外的稳定性较平面内更差，且稳定应力比均小于1.0，表明其稳定承载力不足。

（3）柱间支撑长细比过大，超出容许值；刚架平面外变形较大，不能对刚架平面外形成有效约束。

（4）吊车梁承载力和变形不满足承载力和变形要求等。

综合分析，上述情况是造成该工程在吊车运行过程中晃动的主要原因。为保证该工程的安全性和耐久性，建议对该工程采取加固处理措施。

10.2 某转炉炼钢车间鉴定实例

10.2.1 工程概况

某炼钢厂结构形式为排架结构，轻钢屋架、预制混凝土屋面板，柱下独立基础。该工程由某公司投资兴建，由某公司设计、某公司施工，监理单位不详。该工程于1994年建成后并投入使用，后因生产需要，对结构进行了部分改造加固。

为查明该工程转炉炼钢车间Ⓔ×⑩~⑲轴之间吊车梁的质量状况，建设单位特委托对该工程转炉炼钢车间Ⓔ×⑩~⑲轴之间吊车梁的裂缝损伤程度、截面尺寸、竖向挠度是否符合设计及规范要求进行检测鉴定。

10.2.2 检测鉴定依据

（1）合同、检测鉴定技术方案、原设计施工图及相关施工技术资料。

（2）《钢结构工程施工质量验收规范》（GB 50205—2001）。

（3）《钢结构现场检测技术标准》（GB/T 50621—2010）。

（4）《钢结构设计规范》（GB 50017—2003）。

（5）《工业建筑可靠性鉴定标准》（GB 50144—2008）。

10.2.3　检测鉴定项目、方法和结果

1. 裂缝损伤普查

对该工程转炉炼钢车间Ⓔ×⑩～⑲轴之间吊车梁的损伤情况进行普查，发现Ⓔ×⑩～⑬轴吊车梁距⑩轴约5773mm处下翼缘及南侧后加固对接焊缝出现裂缝；距⑩轴约8369mm处下翼缘出现南北通长裂缝、北侧后加固对接焊缝出现裂缝、腹板由下翼缘至上翼缘出现长约1200mm的裂缝；距⑩轴约9750mm处下翼缘由南向北出现裂缝、南侧后加固对接焊缝出现裂缝；距⑩轴约10780mm处南侧后加固对接焊缝出现裂缝；距⑩轴约12057mm处北侧后加固对接焊缝出现裂缝；距⑩轴约13132mm处南侧后加固对接焊缝出现裂缝；距⑩轴约13772mm处下翼缘由南向北出现长度约40mm裂缝、南侧后加固对接焊缝出现裂缝，裂缝位置图如图10-8所示。Ⓔ×⑬～⑯轴吊车梁距⑬轴约4734mm处后加固对接焊缝出现裂缝；距⑬轴约8246mm处下翼缘由北向南出现长度约为40mm的裂缝、北侧后加固处对接焊缝出现裂缝；距⑬轴约9222mm处下翼缘由南向北出现裂缝、南侧后加固对接焊缝出现裂缝，裂缝位置图如图10-9所示。

Ⓔ×⑯～⑲轴吊车梁距⑯轴约5257mm处下翼缘由北向南出现长度约10mm裂缝、北侧后加固对接焊缝出现裂缝；距⑯轴约5837mm处南侧后加固对接焊缝出现裂缝；距⑯轴约6837mm处北侧后加固对接焊缝出现裂缝；距⑯轴约9861mm处下翼缘由南向北出现裂缝、南侧后加固对接焊缝出现裂缝；距⑯轴约10828mm处北侧后加固对接焊缝出现裂缝；距⑯轴约13876mm处南侧后加固对接焊缝出现裂缝，裂缝位置图如图10-10所示。

2. 吊车梁截面尺寸检测

对该工程转炉炼钢车间Ⓔ×⑩～⑲轴之间吊车梁的截面尺寸采用超声波测厚仪和钢卷尺进行检测，检测鉴定结果见表10-4。

表10-4　吊车梁截面尺寸检测结果　　　　　　　　　（mm）

序号	构件编号	上翼缘		腹板厚度	下翼缘		高度		长度
		宽度	厚度		宽度	厚度	H_1	H_2	
1	Ⓔ×10～13	598	23.7	16.8	500	23.8	1891	2304	17919
2	Ⓔ×13～16	601	23.8	17.1	498	23.9	1893	2305	18039
3	Ⓔ×16～19	597	24.1	16.9	501	24.1	1894	2302	18007

注：上翼缘宽度×上翼缘厚度×下翼缘宽度×下翼缘厚度×腹板厚度×截面高度×长度＝600mm×25mm×500mm×25mm×18mm×1900mm/2300mm×17990mm。

由表10-4可知，吊车梁上翼缘厚度、下翼缘厚度、腹板厚度和高度不满足设计及规范要求。

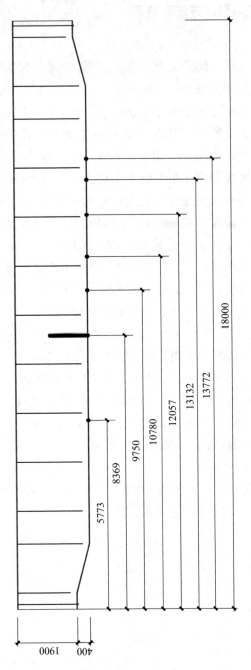

图 10-8 Ⓔ × ⑩ ~ ⑬轴

注：图中粗实线和 • 为裂缝位置。

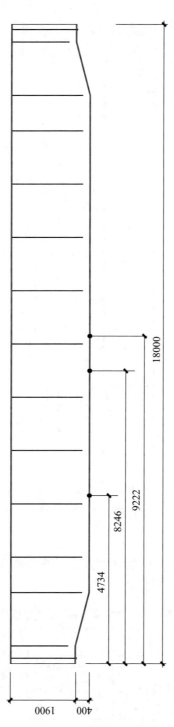

图 10-9　Ⓔ×⑬～⑯轴

注：图中●为裂缝位置。

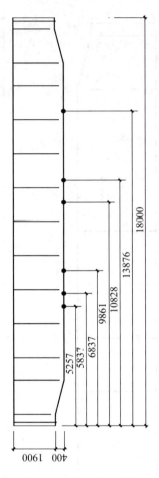

图 10-10 Ⓔ×⑯~⑲轴

注：图中 ● 为裂缝位置。

3. 吊车梁竖向挠度检测

对该工程转炉炼钢车间Ⓔ×⑩~⑲轴之间吊车梁的竖向挠度采用水准仪和钢卷尺进行检测，检测鉴定结果见表 10-5。

表 10-5 吊车梁竖向挠度检测结果 （mm）

序号	构件名称	构件编号	竖向挠度检测值
1	吊车梁	Ⓔ×10~13	12
2		Ⓔ×13~16	10
3		Ⓔ×16~19	14

由表 10-5 可知，吊车梁的挠度为 10~14mm。

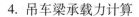

4. 吊车梁承载力计算

通过以上检测结果及吊车参数对该吊车梁的承载能力进行分析评定。

吊车梁截面尺寸：上翼缘宽度×上翼缘厚度×下翼缘宽度×下翼缘厚度×腹板厚度×截面高度×长度 = 600mm×24mm×500mm×24mm×17mm×1900mm/2300mm×18000mm。

吊车参数：吊车跨度 22.5m，5 台 90/20t 级天车，A7 级工作制，最大轮压 396kN，小车重 38604kg，整车重 113395kg，天车宽度 9716mm，轮距 1700mm/5200mm；吊车梁材质：16Mn 钢。

经对 Ⓔ×⑩~⑲轴之间吊车梁的承载力进行核算，其承载力小于荷载效应，不满足设计规范的要求。

10.2.4　检测鉴定结果

（1）根据委托方提供数据，吊车由原 75/20t 吊车改为 90/20t 吊车，吊车跨度 22.5m，A7 级工作制，最大轮压 396kN，小车重 38604kg，整车重 113395kg，天车宽度 9716mm，轮距 1700mm/5200mm。

（2）经过现场普查，Ⓔ×⑩~⑲轴之间的吊车梁下翼缘和腹板出现多处裂缝。

（3）经查阅图纸可知，吊车梁材质为 16Mn 钢，吊车梁跨度为 18m，吊车梁 Ⓔ×⑩~⑬轴的截面尺寸为上翼缘（598mm×23.7mm）、下翼缘（500mm×23.8mm）、腹板（16.8mm）、高度（2304mm/1891mm），Ⓔ×⑬~⑯轴的截面尺寸为上翼缘（601mm×23.8mm）、下翼缘（498mm×23.9mm）、腹板（17.1mm）、高度（2305mm/1893mm），Ⓔ×⑯~⑲轴的截面尺寸为上翼缘（597mm×24.1mm）、下翼缘（501mm×24.1mm）、腹板（16.9mm）、高度（1894mm/2302mm），吊车梁上翼缘厚度、下翼缘厚度、腹板厚度和高度不满足设计及规范要求。

（4）Ⓔ×⑩~⑬轴吊车梁的竖向挠度值为 12mm；Ⓔ×⑬~⑯轴吊车梁的竖向挠度值为 10mm；Ⓔ×⑯~⑲轴吊车梁的竖向挠度值为 14mm。

（5）经计算，Ⓔ×⑩~⑲轴之间吊车梁的承载力小于其荷载效应，该吊车梁的承载力不满足要求。

10.3　某厂房车间鉴定实例一

10.3.1　工程概况

某基地 1 号厂房位于某地，该工程地上 1 层、局部 7 层，门式刚架结构局部钢框架结构，独立基础，建筑物长 130.8m、宽 39.52m，建筑面积约 6927.33m²。建筑物结构平面简图和外景图如图 10-11 所示。该工程由某公司建设，某公司设计，某公司监理，某公司施工。该工程于 2016 年 7 月 1 日开始施工，2016 年 11 月 17 日主体结构封顶。

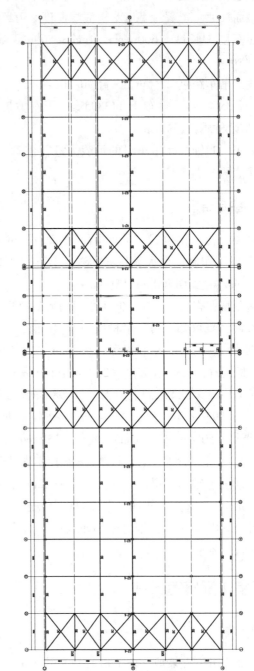

（a） 结构平面简图

图 10-11 结构平面简图和外景图

（b）外景图

图 10-11　结构平面简图和外景图（续）

10.3.2　检测鉴定目的

因该工程违背基本建设程序，为了解该工程施工质量状况，某公司委托对该工程地基承载力资料核查、构造措施普查、混凝土构件抗压强度、钢梁钢柱截面尺寸、钢柱垂直度、钢柱对接焊缝内部质量进行了检测。

10.3.3　检测鉴定依据

（1）合同、方案、原设计施工图及相关技术资料。

（2）《建筑结构检测技术标准》（GB/T 50344）。

（3）《钢结构现场检测技术标准》（GB/T 50621—2010）。

（4）《回弹法检测混凝土抗压强度技术规程》（JGJ/T 23—2011）。

（5）《钢结构工程施工质量验收规范》（GB 50205—2001）。

10.3.4　检测鉴定项目、数量、方法和结果

1. 地基承载力资料核查

根据设计图纸文件，基槽挖至设计标高且挖至第一层土（新近沉积粉质黏土），基础按地基承载力特征值 $f_{ak} = 140\text{kPa}$ 设计。经核查，验槽记录及某公司出具的"岩土工程勘察报告"第一层新近沉积粉质黏土地基承载力特征值 $f_{ak} = 140\text{kPa}$，地基持力层的承载力特征值满足设计要求。

2. 外观质量现状普查

对该建筑物现有外观质量状况普查，通过对构件外观进行普查，普查结果详见表 10-6。

表 10-6　外观质量现状普查结果

序号	构件名称	缺陷描述
1	地基基础	未发现因不均匀沉降而产生的明显变形、开裂等现象
2	钢柱	未发现较大变形、裂缝缺陷
3	钢梁	未发现较大变形、裂缝缺陷

3. 构造措施普查

经现场普查，①~②×Ⓐ~Ⓒ轴、⑦~⑧×Ⓐ~Ⓒ轴、⑭~⑮×Ⓐ~Ⓒ轴、⑲~⑳×Ⓐ~Ⓒ轴之间有水平支撑；Ⓐ×⑦~⑧轴、Ⓐ×⑭~⑮轴、Ⓐ×⑲~⑳轴、Ⓒ×①~②轴、Ⓒ×⑦~⑧轴、Ⓒ×⑭~⑮轴、Ⓒ×⑲~⑳轴之间有柱间支撑；Ⓐ×①~⑳轴、Ⓑ×①~⑳轴、Ⓥⓑ×①~⑳轴、Ⓒ×①~⑨轴、Ⓒ×⑭~⑳轴、Ⓥ Ⓐ×①~②轴、Ⓥ Ⓐ×⑦~⑨轴、Ⓥ Ⓐ×⑭~⑮轴、Ⓥ Ⓐ×⑲~⑳轴、②Ⓐ×①~②轴、②Ⓐ×⑦~⑨轴、②Ⓐ×⑭~⑮轴、②Ⓐ×⑲~⑳轴、②Ⓑ×①~②轴、②Ⓑ×⑦~⑨轴、②Ⓑ×⑭~⑮轴、②Ⓑ×⑲~⑳轴之间有系杆；塔楼②Ⓑ×⑫~⑬轴（4层、5层、6层、7层）、④Ⓑ×⑫~⑬轴［2层、3层、4层、5层、6层、7层（单根）］、⑩×②Ⓑ~③Ⓑ轴［4层、5层、6层（单根）、7层］、⑬×②Ⓑ~③Ⓑ轴（4层、5层）之间有柱间支撑。

4. 基础混凝土抗压强度检测

检测项目：对该工程的基础混凝土抗压强度进行检测。

检测数量：根据《建筑结构检测技术标准》（GB/T 50344）表 3.3.13 的规定，本次检测类别按 B 类抽样，抽检基础 13 处，共计 13 个。

检测方法：采用回弹法，使用 HT225T 型数显混凝土回弹仪、混凝土碳化深度测量仪等进行现场检测。

根据图纸可知，该基础混凝土抗压强度设计等级为 C30。截至检测日期，该工程混凝土龄期大于 14d 且小于 1000d，且所检抗压强度在 10~60MPa 之间，符合《回弹法检测混凝土抗压强度技术规程》（JGJ/T 23—2011）的相关要求。检测结果见表 10-7。

表 10-7　基础混凝土抗压强度检测结果　　　　（MPa）

序号	构件名称	构件编号	单个混凝土抗压强度换算值			混凝土强度推定值	设计强度等级
			平均值	标准差	最小值		
1	独立基础	20×Ⓐ	35.5	1.78	33.0	32.6	C30
2		20×⑯Ⓐ	34.9	1.42	33.0	32.6	
3		20×㉒Ⓐ	34.2	1.19	31.6	32.2	
4		19×Ⓐ	35.1	1.26	33.4	33.0	
5		18×Ⓐ	34.7	1.74	32.0	31.8	
6		20×⑯Ⓑ	35.3	1.92	33.0	32.1	
7		20×㉒Ⓑ	35.6	2.06	32.2	32.2	
8		20×Ⓒ	35.3	1.79	33.0	32.4	
9		19×Ⓒ	34.5	1.16	32.8	32.6	
10		17×Ⓒ	35.1	1.94	32.0	31.9	
11		16×Ⓒ	33.8	1.30	32.2	31.7	
12		15×Ⓒ	34.6	1.80	30.6	31.6	
13		8×Ⓒ	34.7	1.08	32.4	32.9	
批评定结果		测区数：130 个，平均值：34.9MPa＞25MPa，标准差：1.61MPa＜5.5MPa，推定值：32.3MPa					

由表 10-7 可知，该工程所检基础的混凝土抗压强度满足设计要求。

5. 钢构件截面尺寸检测

检测项目：对该工程钢柱和钢梁的截面尺寸进行检测。

检测数量：根据《钢结构工程施工质量验收规范》（GB 50205—2001）第 8.2.2 条和 8.3.2 条进行取样，按钢构件数抽查 10%，宜不应少于 3 件。H 型钢柱抽检 7 根，屋架 H 型钢梁抽检 9 根，钢框架 H 型钢梁抽检 38 根，箱型钢抽检 4 根。

检测方法：采用钢卷尺超声波测厚仪进行检测。

根据《钢结构工程施工质量验收规范》（GB 50205—2001）表 C.0.1 可知，当 500mm＜截面高度 h＜1000mm 时，h 允许偏差为 ±3.0mm；当截面高度 h＜500mm 时，h 允许偏差为 ±2.0mm；截面宽度 b 允许偏差为 ±3.0mm。根据《热轧钢板和钢带的尺寸、外形、重量及允许偏差》（GB/T 709—2006）可知，5mm＜钢板厚度≤8mm 时，允许偏差为 +0.65mm 和 −0.35mm；8mm＜钢板厚度≤15mm 时，允许偏差为 +0.70mm 和 −0.40mm；15mm＜钢板厚度≤25mm 时，允许偏差为 +0.85mm 和 −0.45mm。经现场检测，构件截面尺寸检测结果见表 10-8、表 10-9。

表 10-8　钢柱截面尺寸检测结果　　　　　　　（mm）

序号	检测部位	设计值（高度×宽度×腹板厚度×翼缘厚度）	高度	翼缘宽度	腹板厚度	翼缘厚度
1	H 型 14 × Ⓐ	300 ~ 527 × 300 × 6 × 12	298 ~ 525	299	5.7	11.8
2	H 型 15 × Ⓐ	300 ~ 527 × 300 × 6 × 12	301 ~ 528	298	5.8	11.7
3	H 型 16 × Ⓐ	300 ~ 527 × 300 × 6 × 12	301 ~ 528	301	5.7	11.7
4	H 型 17 × Ⓐ	300 ~ 527 × 300 × 6 × 12	299 ~ 526	301	5.8	11.8
5	H 型 18 × Ⓑ	390 × 300 × 10 × 16	392	298	9.8	15.6
6	H 型 17 × Ⓑ	390 × 300 × 10 × 16	391	299	9.8	15.7
7	H 型 16 × Ⓑ	390 × 300 × 10 × 16	389	298	9.7	15.7
8	箱型 11 × Ⓕ（1 层）	350 × 350 × 16 × 16	348	349	15.7	15.8
9	箱型 12 × Ⓖ（3 层）	350 × 350 × 16 × 16	349	348	15.7	16.1
10	箱型 12 × Ⓖ（3 层）	350 × 350 × 16 × 16	349	349	15.8	15.7
11	箱型 12 × Ⓖ（7 层）	350 × 350 × 16 × 16	349	348	15.6	15.7

　　由表 10-8 可知，该工程所检钢柱截面尺寸偏差值满足规范允许偏差的要求。

表 10-9　钢梁截面尺寸检测结果　　　　　　　（mm）

序号	检测部位	设计值（高度×宽度×腹板厚度×翼缘厚度）	高度	翼缘宽度	腹板厚度	翼缘厚度
1	屋架 18 × ①	400 ~ 728 × 200 × 6 × 10	398 ~ 727	198	5.8	9.8
2	屋架 18 × ②	400 × 200 × 6 × 8	398	199	5.8	7.9
3	屋架 17 × ①	400 ~ 728 × 200 × 6 × 10	399 ~ 727	201	5.9	9.7
4	屋架 17 × ②	400 × 200 × 6 × 8	399	199	5.8	7.8
5	屋架 19 × ①	400 ~ 728 × 200 × 6 × 10	398 ~ 727	198	5.8	9.8
6	屋架 19 × ②	400 × 200 × 6 × 8	398	201	5.9	7.9
7	屋架 12 × ①	400 ~ 587 × 200 × 6 × 8	398 ~ 585	201	5.8	7.8
8	屋架 12 × ②	400 × 200 × 6 × 8	398	198	5.8	7.8
9	屋架 11 × ②	400 × 200 × 6 × 8	399	198	5.8	7.9
10	钢框架①（1 层）	500 × 200 × 10 × 16	501	199	9.7	15.8
11	钢框架②（1 层）	500 × 200 × 10 × 16	498	199	9.8	15.8
12	钢框架①（2 层）	500 × 200 × 10 × 16	499	199	9.8	15.8
13	钢框架②（2 层）	400 × 200 × 8 × 13	398	198	7.9	12.8
14	钢框架③（2 层）	400 × 200 × 8 × 13	401	201	7.9	12.8
15	钢框架④（2 层）	400 × 200 × 8 × 13	398	199	7.8	12.9
16	钢框架⑤（2 层）	500 × 200 × 10 × 16	498	199	9.8	15.8

续表

序号	检测部位	设计值（高度×宽度×腹板 厚度×翼缘厚度）	高度	翼缘 宽度	腹板 厚度	翼缘 厚度
17	钢框架⑥（2层）	500×200×10×16	499	201	9.9	15.9
18	钢框架⑦（2层）	500×200×10×16	499	199	9.8	15.8
19	钢框架⑧（2层）	400×200×8×13	398	201	7.9	12.8
20	钢框架⑨（2层）	400×200×8×13	399	198	7.8	12.9
21	钢框架⑩（2层）	400×200×8×13	398	199	7.9	12.8
22	钢框架⑪（2层）	500×200×10×16	498	199	9.9	15.8
23	钢框架⑫（2层）	500×200×10×16	498	201	9.8	15.9
24	钢框架⑬（2层）	500×200×10×16	498	199	9.8	15.8
25	钢框架⑭（2层）	500×200×10×16	498	199	9.8	15.9
26	钢框架⑮（2层）	500×200×10×16	499	201	9.8	15.8
27	钢框架⑯（2层）	500×200×10×16	498	199	9.9	15.8
28	钢框架⑰（2层）	500×200×10×16	499	198	9.8	15.8
29	钢框架⑱（2层）	400×200×8×13	398	198	8.7	12.9
30	钢框架⑲（2层）	500×200×10×16	498	201	9.8	15.8
31	钢框架⑳（2层）	500×200×10×16	501	199	9.8	15.9
32	钢框架㉑（2层）	500×200×10×16	499	199	9.8	15.8
33	钢框架①（3层）	400×200×8×13	399	198	7.9	12.9
34	钢框架②（3层）	500×200×10×16	501	201	9.8	15.8
35	钢框架③（3层）	500×200×10×16	499	198	9.8	15.9
36	钢框架④（3层）	500×200×10×16	498	198	9.9	15.8
37	钢框架①（4层）	500×200×10×16	498	199	9.7	15.9
38	钢框架②（4层）	400×200×8×13	398	199	7.9	12.8
39	钢框架③（4层）	500×200×10×16	498	201	9.8	15.9
40	钢框架④（4层）	500×200×10×16	499	198	9.9	15.9
41	钢框架①（5层）	500×200×10×16	498	198	9.8	15.8
42	钢框架②（5层）	500×200×10×16	501	199	9.8	15.9
43	钢框架③（5层）	500×200×10×16	498	201	9.8	15.8
44	钢框架①（6层）	500×200×10×16	499	199	9.7	15.9
45	钢框架②（6层）	500×200×10×16	499	201	9.9	15.8
46	钢框架①（7层）	500×200×10×16	498	198	9.9	15.8
47	钢框架②（7层）	500×200×10×16	498	198	9.8	15.9

注：1. 序号1～9中带圈字符具体位置如图10-12所示。

2. 序号10～47中带圈字符具体位置如图10-13～图10-19所示。

由表 10-9 可知，该工程所检钢梁截面尺寸偏差值满足规范允许偏差的要求。

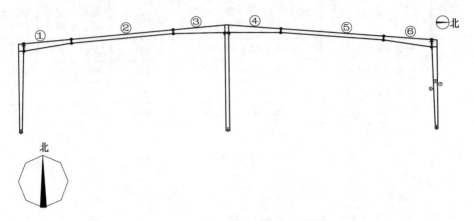

图 10-12　门式刚架检测位置详图

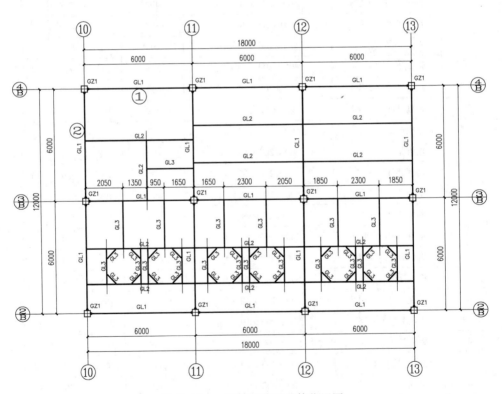

图 10-13　一层检测位置具体位置图

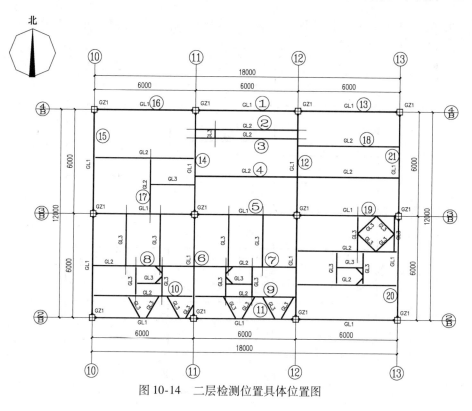

图 10-14　二层检测位置具体位置图

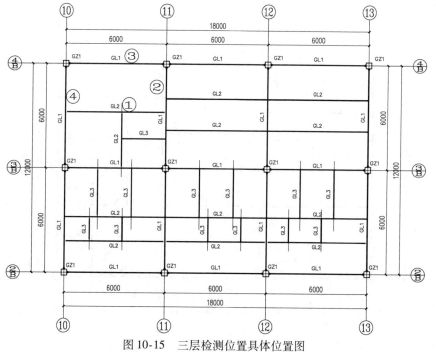

图 10-15　三层检测位置具体位置图

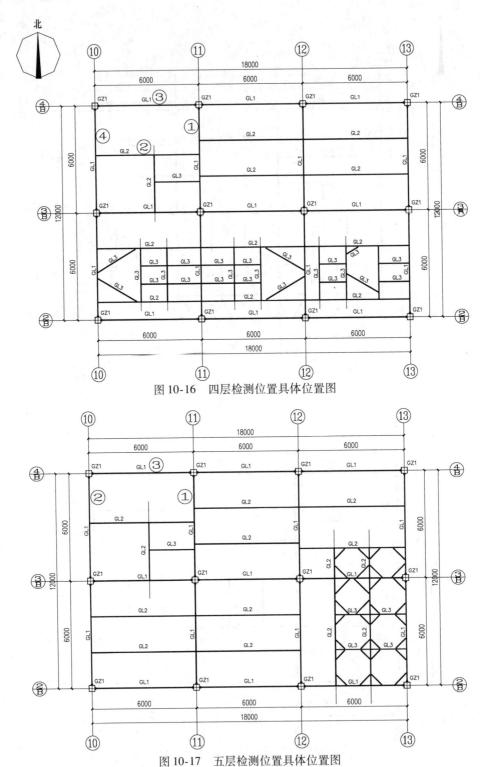

图 10-16　四层检测位置具体位置图

图 10-17　五层检测位置具体位置图

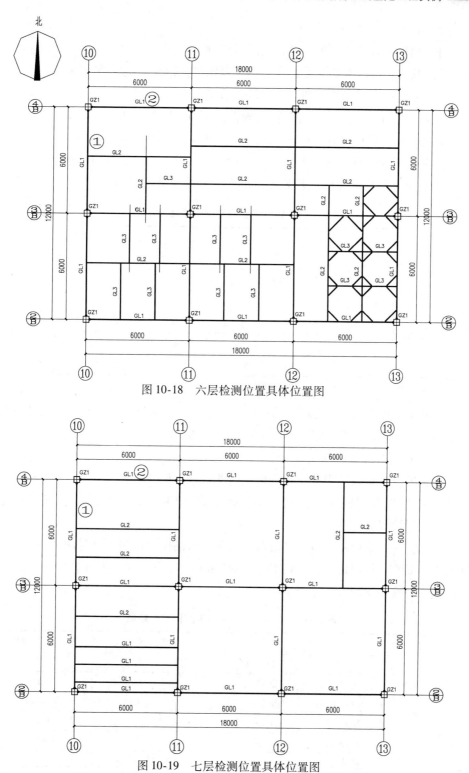

图 10-18　六层检测位置具体位置图

图 10-19　七层检测位置具体位置图

6. 钢柱垂直度检测

检测项目：对该工程钢柱垂直度进行检测。

检测数量：根据委托方委托，对该工程随机抽检 5 根钢柱进行检测。

检测方法：采用经纬仪和钢卷尺进行检测。

根据《钢结构工程施工质量验收规范》（GB 50205—2001）表 E.0.1 可知，钢柱垂直度允许偏差为 $H/1000$mm，该工程钢柱Ⓐ轴和Ⓒ轴检测高度为 8.15m，Ⓑ轴检测高度为 8.9m；经计算，该工程钢柱Ⓐ轴和Ⓒ轴垂直度允许偏差为 8.15mm、Ⓑ轴垂直度允许偏差为 8.9mm。检测结果见表 10-10。

表 10-10　钢柱垂直度检测结果　　　　　　（mm）

构件名称	层数	构件编号	垂直度偏差检测值	
			向南	向东
钢柱	/	19 × Ⓒ	/	− 8
		7 × Ⓑ	/	+ 8
		11 × Ⓐ	/	+ 7
		16 × Ⓑ	/	+ 5
		18 × Ⓑ	/	+ 8

注：向南和向东偏为正方向，反之为负方向。

由表 10-10 可知，该工程所检钢柱垂直度偏差值满足《钢结构工程施工质量验收规范》（GB 50205—2001）允许偏差的要求。

7. 钢柱对接焊缝内部质量检测

检测项目：对该工程钢柱对接焊缝内部质量进行检测。

检测数量：根据委托方委托，H 型钢柱抽检 10 条翼缘对接焊缝、箱型钢柱抽检 4 条对接焊缝。

检测方法：采用超声波法进行探伤检测，机油作耦合剂，直射法及一次反射波法单面双侧，锯齿形扫查，扫查速度≤150mm/s，覆盖率≥20%。

超声波探伤检测参数见表 10-11。

表 10-11　超声波（UT）探伤检测参数表

检测地点	现场		检测范围	焊缝及热影响区
仪器	型号	XG-860	编号	1 号
	工作频率	2.5MHz	类型	斜
	扫描调节	垂直 1:1	探头　规格	8 × 8K2
	探测范围	100mm	前沿	9mm
	脉冲强度	弱	零偏	9.68μs
	回波抑制	0%	实测 K 值	2.02

检测地点	现场		检测范围	焊缝及热影响区	
试块	CSK-1A RB-3/20	检测等级	B 级	表面处理	打磨
耦合剂	机油	合格级别	Ⅲ级	探伤方式	单面双侧
执行标准	《钢结构现场检测技术标准》（GB/T 50621—2010）				
	《钢结构工程施工质量验收规范》（GB 50205—2001）				

　　根据《钢结构现场检测技术标准》（GB/T 50621—2010）第 7.4 节进行评定。最大反射波幅位于Ⅱ区的非危险性缺陷，可根据缺陷指示长度 ΔL 进行评级，根据《钢结构现场检测技术标准》（GB/T 50621—2010）表 7.4.3 可知，当板厚为 16mm 时，缺陷指示长度为 0 ~ 10mm，评定为Ⅰ级；缺陷指示长度为 11 ~ 12mm，评定为Ⅱ级；缺陷指示长度为 13 ~ 16mm，评定为Ⅲ级；缺陷指示长度大于 16mm，评定为Ⅳ级。根据《钢结构工程施工质量验收规范》（GB 50205—2001）可知，二级焊缝的评定等级不能超过Ⅲ级。

　　钢柱对接焊缝的检测结果见表 10-12。

表 10-12　钢柱翼缘板对接焊缝探伤结果

序号	焊缝（部位）编号	检测钢板厚度/mm	检测长度/mm	检测比率/%	缺陷深度/mm	指示长度/mm	波幅（区）	评定级别
	钢柱对接焊缝（二级）				—	—	—	二级（Ⅲ）
1	20×⑯南	16	300	100	9.8	15	Ⅱ	Ⅲ
2	20×⑯北	16	300	100	8.9	15	Ⅱ	Ⅲ
3	18×Ⓑ南	16	300	100	10.5	15	Ⅱ	Ⅲ
4	18×Ⓑ北	16	300	100	9.7	12	Ⅱ	Ⅱ
5	16×Ⓑ南	16	300	100	12.5	15	Ⅱ	Ⅲ
6	16×Ⓑ北	16	300	100	8.8	15	Ⅱ	Ⅲ
7	14×Ⓑ南	16	300	100	10.1	15	Ⅱ	Ⅲ
8	14×Ⓑ北	16	300	100	12.5	12	Ⅱ	Ⅱ
9	12×Ⓑ南	16	300	100	10.4	13	Ⅱ	Ⅲ
10	12×Ⓑ北	16	300	100	9.6	14	Ⅱ	Ⅲ
11	3 层柱 2×Ⓐ北	16	350	100	11.5	15	Ⅱ	Ⅲ
12	3 层柱 3×Ⓐ北	16	350	100	13.2	15	Ⅱ	Ⅲ
13	5 层柱 3×Ⓑ东	16	350	100	10.6	15	Ⅱ	Ⅲ
14	7 层柱 3×Ⓑ南	16	350	100	14.2	15	Ⅱ	Ⅲ

　　由表 10-12 可知，该工程所检焊缝内部质量满足设计的二级焊缝要求。

10.3.5 施工资料审查

1. 设计文件是否通过施工图审查

经对图纸进行审查，本工程施工图纸由某公司进行施工图审查。某公司对原设计进行了修改完善后通过施工图审查。

2. 是否按照通过图审的设计文件施工

经现场查验，本工程平面布局与图纸相符，工程施工与通过图审的设计文件基本一致。

3. 施工单位质量保证体系是否健全

经审阅施工单位技术资料，本工程施工单位资质等级、技术管理人员配备基本符合本工程要求，施工质量保证体系健全。

4. 施工技术资料是否齐全

经审查，本工程施工方案符合技术规范要求，主要技术组织措施合理可行，原材料合格证及复检报告、隐蔽验收记录、分部工程验评记录等施工技术资料基本齐全。

5. 监理单位质量管理体系是否健全

经审阅监理单位技术资料，本工程监理单位资质、监理人员配备基本符合本工程要求，监理质量保证体系健全。

6. 监理资料是否齐全

经审查，本工程监理规划（细则）主要内容齐全，符合技术规范要求，施工单位报审表、工程材料等质量证明文件，隐蔽验收记录等监理技术资料基本齐全。

7. 检测机构资质、计量认证、设备鉴定、人员资格是否符合要求

经审查，本工程主体结构检测单位资质证书、计量认证证书、设备检定证书人员资格证书齐全、有效，均符合要求。

8. 检测报告是否符合技术规范要求

经审查，本工程主体结构检测报告检测结论准确，符合相关技术规范要求。

10.3.6 检测鉴定结论

（1）经核查相关资料，该工程地基承载力特征值满足设计要求。

（2）该工程外观质量普查未见明显外观缺陷，地基基础未发现明显不均匀沉降引起的上部结构裂缝，结果详见表10-6。

（3）该工程柱间支撑、水平支撑、系杆位置符合设计要求。

（4）该工程所检基础混凝土抗压强度满足设计要求。

（5）该工程所检钢柱和钢梁截面尺寸偏差值满足规范允许偏差的要求。

（6）该工程所检钢柱垂直度偏差值满足《钢结构工程施工质量验收规范》（GB 50205—2001）允许偏差的要求。

（7）该工程所检焊缝内部质量满足设计的二级焊缝要求。

综上，该工程地基承载力特征值满足设计要求，基础及上部结构施工质量满足设计及规范要求。

10.4　某成品仓库鉴定实例

10.4.1　工程概况

某公司成品仓库结构形式为门式刚架结构，总建筑面积为 2068m²，长 88m、宽 23.5m，地上一层。现场外景图和结构平面布置示意图如图 10-20 所示。该工程由某公司开发建设，某公司设计，某公司施工，监理单位不详。

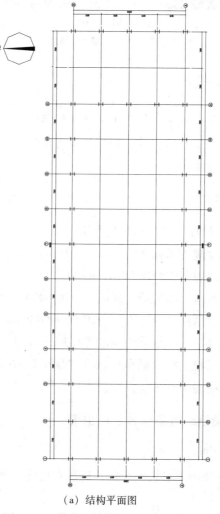

（a）结构平面图

图 10-20　某公司结构平面图和外景图

(b) 外景图

图 10-20　某公司结构平面图和外景图（续）

10.4.2　检测原因及目的

因该工程缺少相关工程手续，为了解该工程钢柱、钢梁截面尺寸，钢柱的垂直度，钢柱、钢梁角焊缝焊脚尺寸，钢柱二级对接焊缝质量的施工质量状况，建设单位特委托进行质量鉴定。

10.4.3　检测鉴定依据

（1）合同、原设计施工图及相关技术资料。

（2）《建筑结构检测技术标准》（GB/T 50344）。

（3）《钢结构设计规范》（GB 50017—2003）。

（4）《钢结构工程施工质量验收规范》（GB 50205—2001）。

（5）《工业建筑可靠性鉴定标准》（GB 50144—2008）。

（6）《门式刚架轻型房屋钢结构技术规范》（GB 51022—2015）。

（7）《钢结构现场检测技术标准》（GB/T 50621—2010）。

（8）《回弹法检测混凝土抗压强度技术规程》（JGJ/T 23—2011）。

10.4.4　检测鉴定项目、数量、方法和结果

1. 外观质量现状普查

对该建筑物现有外观质量状况普查，通过对构件外观进行普查，普查结果详见表 10-13。

表 10-13　外观质量现状普查结果

序号	构件名称	缺陷描述
1	地基基础	该建筑物使用良好、无明显沉降变形、吊车等机械设备运行正常
2	钢柱	未发现较大变形、裂缝缺陷
3	钢梁	未发现较大变形、裂缝缺陷
5	支撑系统	屋面水平支撑、系杆和柱间支撑符合设计要求
6	隔撑、拉条、撑杆	符合设计要求、未发现较大变形缺陷
7	屋面	未发现较大变形缺陷
8	节点连接	梁柱节点连接的螺栓规格、数量、间距等符合设计要求

2. 钢柱、钢梁截面尺寸检测

根据委托方委托对该工程钢梁、钢柱的截面尺寸进行检测，随机抽取 5 根钢柱、13 根钢梁，根据《钢结构工程施工质量验收规范》（GB 50205—2001）表 C.0.1 可知，当 500mm < 截面高度 h < 1000mm 时，h 允许偏差为 ± 3.0mm；当截面高度 h < 500mm 时，h 允许偏差为 ± 2.0mm；截面宽度 b 允许偏差为 ± 3.0mm。根据《热轧钢板和钢带的尺寸、外形、重量及允许偏差》（GB/T 709—2006）可知，5mm < 钢板厚度 ≤ 8mm 时，允许偏差为 + 0.65mm；8mm < 钢板厚度 ≤ 15mm 时，允许偏差为 + 0.70mm 和 − 0.40mm。经现场检测，构件截面尺寸检测结果分别见表 10-14、表 10-15。

表 10-14　钢柱截面尺寸检测结果　　　　　　　　　　　　（mm）

序号	检测部位	设计值（高度×宽度×腹板厚度×翼缘厚度）	高度	翼缘宽度	腹板厚度	翼缘厚度
1	3×Ⓐ	400×200×8×13	399	200	8.0	13.0
2	3×Ⓑ	400×200×8×13	400	201	7.9	13.0
3	5×Ⓐ	400×200×8×13	399	199	7.9	12.9
4	5×Ⓑ	400×200×8×13	400	200	8.0	13.1
5	8×Ⓐ	400×200×8×13	401	201	8.1	12.9

由表 10-14 可知，该工程所检钢柱截面尺寸偏差值满足规范允许偏差要求。

表 10-15　钢梁截面尺寸检测结果　　　　　　　（mm）

序号	检测部位	设计值（高度×宽度×腹板厚度×翼缘厚度）	高度	翼缘宽度	腹板厚度	翼缘厚度
1	③轴Ⅰ段	350~600×200×8×10	349~601	200	8.0	10.1
2	③轴Ⅱ段	350×175×7×11	348	175	7.2	11.2
3	③轴Ⅲ段	350×175×7×11	351	175	6.9	11.0
4	③轴Ⅳ段	350~600×200×8×10	351~599	200	8.1	9.9
5	⑤轴Ⅰ段	350~600×200×8×10	350~601	200	8.0	10.0
6	⑤轴Ⅱ段	350×175×7×11	351	174	7.0	11.0
7	⑤轴Ⅲ段	350×175×7×11	350	175	7.1	11.0
8	⑤轴Ⅳ段	350~600×200×8×10	350~600	200	8.0	10.1
9	⑧轴Ⅰ段	350~600×200×8×10	351~600	201	8.0	10.0
10	⑧轴Ⅱ段	350×175×7×11	350	176	7.0	11.0
11	⑧轴Ⅲ段	350×175×7×11	349	174	6.9	10.9
12	⑧轴Ⅳ段	350~600×200×8×10	350~600	201	8.0	10.0
13	⑩轴Ⅰ段	350~600×200×8×10	350~601	201	7.9	9.9

注：钢梁检测位置示意图如图 10-21 所示。

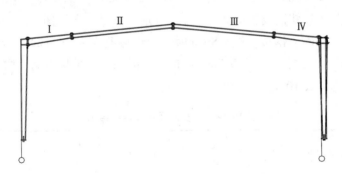

图 10-21　钢梁检测位置示意图

由表 10-15 可知，该工程所检钢梁截面尺寸偏差值满足规范允许偏差的要求。

3. 钢柱垂直度检测

根据委托方委托，对该工程钢柱垂直度进行检测，随机抽取 5 根钢柱进行检测，根据《钢结构工程施工质量验收规范》（GB 50205—2001）表 E.0.1 可知，钢柱垂直度允许偏差为 H/1000mm，该工程钢柱检测高度为 7.0m。经计算，钢柱垂直度允许偏差为 7.0mm。经现场检测，钢柱垂直度检测结果见表 10-16。

表 10-16 钢柱垂直度检测结果 （mm）

构件名称	层数	构件编号	垂直度偏差检测值	
			向南	向东
钢柱	整体	3×Ⓐ	-2	6
		3×Ⓑ	6	-5
		5×Ⓐ	6	3
		5×Ⓑ	-5	6
		8×Ⓐ	-6	4

注：向南和向东偏为正方向，反之为负方向。

由表 10-16 可知，该工程所检钢柱垂直度偏差值满足《钢结构工程施工质量验收规范》（GB 50205—2001）允许偏差的要求。

4. 钢柱、钢梁焊缝焊脚尺寸检测

根据委托方委托，对该工程钢柱、钢梁角焊缝焊脚尺寸进行检测，随机抽取5 根钢柱、13 根钢梁，根据《钢结构工程施工质量验收规范》（GB 50205—2001）表 A.0.3 可知，焊脚尺寸 $h_f \leqslant 6mm$ 时，允许偏差为 0~1.5mm；焊脚尺寸 $h_f > 6mm$ 时，允许偏差为 0~3.0mm。钢柱、钢梁角焊缝焊脚尺寸检测位置示意图如图 10-22 所示。经现场检测，钢柱、钢梁焊缝焊脚尺寸检测结果见表 10-17 和表 10-18。

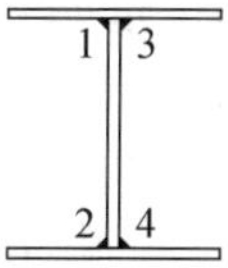

图 10-22 角焊缝焊脚尺寸检测位置示意图

表 10-17 钢柱腹板与翼缘板角焊缝焊脚尺寸检测结果 （mm）

构件名称	构件编号	设计值	允许范围	检测值				检测结果
				①	②	③	④	
钢柱	3×Ⓐ	6	6~7.5	7.5	6.5	7.0	7.0	合格
	3×Ⓑ	6	6~7.5	7.0	6.5	7.5	6.5	合格
	5×Ⓐ	6	6~7.5	7.0	7.0	7.0	7.5	合格
	5×Ⓑ	6	6~7.5	7.0	6.5	7.5	6.5	合格
	8×Ⓐ	6	6~7.5	7.5	6.5	6.5	6.5	合格

表 10-18　钢梁腹板与翼缘板角焊缝焊脚尺寸检测结果　　　　（mm）

构件名称	构件编号	设计值	允许范围	检测值				检测结果
				①	②	③	④	
钢梁	③轴Ⅰ段	6	6～7.5	7.0	7.5	7.5	7.5	合格
	③轴Ⅱ段	6	6～7.5	7.5	7.5	6.5	7.5	合格
	③轴Ⅲ段	6	6～7.5	7.5	7.5	6.5	6.5	合格
	③轴Ⅳ段	6	6～7.5	7.5	6.5	7.5	7.5	合格
	⑤轴Ⅰ段	6	6～7.5	6.5	6.5	6.5	6.5	合格
	⑤轴Ⅱ段	6	6～7.5	7.0	7.0	7.5	7.5	合格
	⑤轴Ⅲ段	6	6～7.5	7.5	7.5	7.5	7.0	合格
	⑤轴Ⅳ段	6	6～7.5	7.0	6.5	7.0	7.5	合格
	⑧轴Ⅰ段	6	6～7.5	7.5	7.5	7.0	7.5	合格
	⑧轴Ⅱ段	6	6～7.5	7.5	7.0	7.5	6.5	合格
	⑧轴Ⅲ段	6	6～7.5	7.5	6.5	7.5	7.5	合格
	⑧轴Ⅳ段	6	6～7.5	7.0	7.5	7.0	6.5	合格
	⑩轴Ⅰ段	6	6～7.5	7.5	7.5	7.0	7.5	合格

由表 10-17 可知，该工程所检钢柱角焊缝焊脚尺寸偏差值满足《钢结构工程施工质量验收规范》（GB 50205—2001）允许偏差的要求。

由表 10-18 可知，该工程所检钢梁角焊缝焊脚尺寸偏差值满足《钢结构工程施工质量验收规范》（GB 50205—2001）允许偏差的要求。

5. 钢柱二级对接焊缝内部质量检测

根据委托方委托对该工程钢柱二级对接焊缝内部质量进行检测，随机抽取 5 根钢柱，对其翼缘板与连接板对接焊缝进行超声波探伤检测，超声波探伤检测参数见表 10-19，检测结果见表 10-20。

表 10-19　超声波（UT）探伤检测参数

检测地点	现场		检测范围	焊缝及热影响区	
仪器	型号	XG-860	探头	编号	1 号
	工作频率	2.5MHz		类型	斜
	扫描调节	垂直 1∶1		规格	$8 \times 8K2$
	探测范围	100mm		前沿	10mm
	脉冲强度	弱		零偏	8.68μs
	回波抑制	0%		实测 K 值	2.02

续表

检测地点	现场		检测范围		焊缝及热影响区
试块	CSK-1A RB-3/20	检测等级	B 级	表面处理	打磨
耦合剂	机油	合格级别	Ⅲ级	探伤方式	双面单侧
执行标准	《钢结构现场检测技术标准》（GB/T 50621—2010）				
	《钢结构工程施工质量验收规范》（GB 50205—2001）				

根据《钢结构现场检测技术标准》（GB/T 50621—2010）第 7.4 节进行评定。最大反射波幅位于Ⅱ区的非危险性缺陷，可根据缺陷指示长度 ΔL 进行评级。根据《钢结构现场检测技术标准》（GB/T 50621—2010）表 7.4.3 可知，当板厚为 8~15mm 时，缺陷指示长度为 0~10mm，评定为Ⅰ级；缺陷指示长度为 11~12mm，评定为Ⅱ级；缺陷指示长度为 13~16mm，评定为Ⅲ级；缺陷指示长度大于 16mm，评定为Ⅳ级。根据《钢结构工程施工质量验收规范》（GB 50205—2001）可知，二级焊缝的评定等级不能超过Ⅲ级。

表 10-20　钢柱翼缘与连接板二级对接焊缝探伤结果

序号	焊缝（部位）编号	检测钢板厚度/mm	检测长度/mm	检测比率/%	缺陷深度/mm	指示长度/mm	波幅（区）	评定级别
	钢柱翼缘与连接板对接焊缝（二级）				—	—	—	二级（Ⅲ）
1	3 × Ⓐ	13	200	100	5.5	13	Ⅱ	Ⅲ
2	3 × Ⓑ	13	200	100	6.8	14	Ⅱ	Ⅲ
3	5 × Ⓐ	13	200	100	6.5	15	Ⅱ	Ⅲ
4	5 × Ⓑ	13	200	100	6.1	15	Ⅱ	Ⅲ
5	8 × Ⓐ	13	200	100	3.9	15	Ⅱ	Ⅲ

由表 10-20 可知，该工程所检钢柱翼缘与连接板二级对接焊缝满足设计及《钢结构工程施工质量验收规范》（GB 50205—2001）的要求。

6. 综合评定

经现场普查和检测，该建筑物构造措施符合设计要求，钢柱、钢梁截面尺寸及角焊缝焊脚尺寸，钢柱垂直度的偏差值满足相关规范允许偏差的要求，钢柱二级对接焊缝内部质量满足设计及《钢结构工程施工质量验收规范》（GB 50205—2001）的要求。

综上，经综合评定，该建筑的实体质量满足原设计要求。

10.4.5 检测鉴定结论

（1）该工程外观质量普查未见明显外观缺陷，地基基础未发现明显不均匀沉降，结果详见表 10-20。

（2）该工程所检钢柱、钢梁的截面尺寸偏差值满足相应规范允许偏差的要求。

（3）该工程所检钢柱垂直度偏差值满足《钢结构工程施工质量验收规范》（GB 50205—2001）允许偏差的要求。

（4）该工程所检钢柱、钢梁角焊缝焊脚尺寸偏差值满足《钢结构工程施工质量验收规范》（GB 50205—2001）允许偏差的要求。

（5）该工程所检钢柱二级对接焊缝质量满足设计及《钢结构工程施工质量验收规范》（GB 50205—2001）的要求。

（6）根据上述检测结果，经综合评定，该建筑的实体质量满足原设计要求。

10.5 某生产车间鉴定实例

10.5.1 工程概况

某公司车间结构形式为门式刚架结构，总建筑面积为 6978.5m²，长 122m、宽 56m，地上一层，现场外景如图 10-23 所示。该工程由某公司建设，某公司设计，某公司施工，监理单位不详。

图 10-23 某公司车间外景

10.5.2　检测原因及目的

因该工程缺少相关工程手续，为了解该工程钢柱、钢梁截面尺寸，钢柱的垂直度，钢柱、钢梁角焊缝焊脚尺寸，钢柱二级对接焊缝的施工质量状况和上部结构的安全承载力，建设单位特委托对该工程进行质量鉴定。

10.5.3　检测鉴定依据

（1）合同、原设计施工图及相关技术资料。

（2）《建筑结构检测技术标准》（GB/T 50344）。

（3）《钢结构设计规范》（GB 50017—2003）。

（4）《钢结构工程施工质量验收规范》（GB 50205—2001）。

（5）《工业建筑可靠性鉴定标准》（GB 50144—2008）。

（6）《门式刚架轻型房屋钢结构技术规范》（GB 51022—2015）。

（7）《钢结构现场检测技术标准》（GB/T 50621—2010）。

（8）《回弹法检测混凝土抗压强度技术规程》（JGJ/T 23—2011）。

10.5.4　检测鉴定项目、数量、方法和结果

1. 外观质量现状普查

对该建筑物现有外观质量状况普查，通过对构件外观进行普查，普查结果详见表 10-21。

表 10-21　外观质量现状普查结果

序号	构件名称	缺陷描述
1	地基基础	该建筑物使用良好、无明显沉降变形、吊车等机械设备运行正常
2	钢柱	未发现较大变形、裂缝缺陷
3	钢梁	未发现较大变形、裂缝缺陷
5	支撑系统	屋面水平支撑、系杆和柱间支撑符合设计要求
6	隅撑、拉条、撑杆	符合设计要求，未发现较大变形缺陷
7	屋面	未发现较大变形缺陷
8	节点连接	梁柱节点连接的螺栓规格、数量、间距等符合设计要求

2. 钢柱、钢梁截面尺寸检测

根据委托方委托对该工程钢梁、钢柱的截面尺寸进行检测，随机抽取 5 根钢柱、13 根钢梁，根据《钢结构工程施工质量验收规范》（GB 50205—2001）表 C.0.1 可知，当 $500\text{mm} < $ 截面高度 $h < 1000\text{mm}$ 时，h 允许偏差为 $\pm 3.0\text{mm}$；

当截面高度 $h < 500\text{mm}$ 时，h 允许偏差为 ±2.0mm；截面宽度 b 允许偏差为
±3.0mm。根据《热轧钢板和钢带的尺寸、外形、重量及允许偏差》（GB/T 709—
2006）可知，5mm < 钢板厚度 ≤8mm 时，允许偏差为 +0.65mm 和 −0.35mm；
8mm < 钢板厚度 ≤15mm 时，允许偏差为 +0.70mm 和 −0.40mm。经现场检测，
构件截面尺寸检测结果分别见表 10-22、表 10-23。

表 10-22　钢柱截面尺寸检测结果　　　　　　　　　（mm）

序号	检测部位	设计值（高度×宽度×腹板厚度×翼缘厚度）	高度	翼缘宽度	腹板厚度	翼缘厚度
1	3 × Ⓐ	450×200×9×14	449	200	9.0	14.0
2	3 × Ⓑ	450×200×9×14	450	219	8.0	10.0
3	3 × Ⓒ	450×220×8×10	449	220	7.9	9.8
4	6 × Ⓐ	450×200×9×14	449	200	9.1	14.1
5	6 × Ⓑ	450×200×9×14	451	221	7.9	9.9
6	6 × Ⓒ	450×220×8×10	450	220	8.1	9.9
7	9 × Ⓐ	450×200×9×14	450	201	9.0	14.0
8	9 × Ⓑ	450×200×9×14	449	219	8.0	10.0
9	9 × Ⓒ	450×220×8×10	450	220	8.0	10.0
10	12 × Ⓐ	450×200×9×14	448	200	9.0	14.0
11	12 × Ⓑ	450×200×9×14	450	220	8.0	9.9
12	12 × Ⓒ	450×220×8×10	451	222	7.9	10.1
13	15 × Ⓐ	450×200×9×14	450	200	9.1	14.0

由表 10-22 可知，该工程所检钢柱截面尺寸偏差值满足规范允许偏差的
要求。

表 10-23　钢梁截面尺寸检测结果　　　　　　　　　（mm）

序号	检测部位	设计值（高度×宽度×腹板厚度×翼缘厚度）	高度	翼缘宽度	腹板厚度	翼缘厚度
1	③轴Ⅰ段	589~350×200×8×10	590~350	200	8.1	10.0
2	③轴Ⅱ段	350×175×7×11	349	175	7.1	11.0
3	③轴Ⅲ段	350×175×7×11	350	175	6.9	11.1
4	③轴Ⅳ段	350~680×220×10×12	349~680	221	10.0	12.2

续表

序号	检测部位	设计值（高度×宽度×腹板厚度×翼缘厚度）	高度	翼缘宽度	腹板厚度	翼缘厚度
5	③轴 V 段	350～680×220×10×12	348～679	220	10.1	11.9
6	③轴 VI 段	350×175×7×11	351	176	7.0	11.0
7	③轴 VII 段	350×175×7×11	349	175	7.0	11.1
8	③轴 VIII 段	589～350×200×8×10	589～351	199	8.0	9.9
9	⑥轴 I 段	589～350×200×8×10	589～350	199	7.9	10.0
10	⑥轴 II 段	350×175×7×11	349	176	7.0	10.9
11	⑥轴 III 段	350×175×7×11	351	175	7.0	11.0
12	⑥轴 IV 段	350～680×220×10×12	350～680	221	10.0	12.0
13	⑥轴 V 段	350～680×220×10×12	351～679	221	10.1	12.1
14	⑥轴 VI 段	350×175×7×11	349	175	7.0	11.0
15	⑥轴 VII 段	350×175×7×11	349	176	7.0	11.1
16	⑥轴 VIII 段	589～350×200×8×10	589～351	200	8.0	9.9
17	⑨轴 I 段	589～350×200×8×10	588～350	200	8.1	10.1
18	⑨轴 II 段	350×175×7×11	349	175	7.1	10.9
19	⑨轴 III 段	350×175×7×11	349	176	6.8	11.1
20	⑨轴 IV 段	350～680×220×10×12	350～680	222	10.0	12.0
21	⑨轴 V 段	350～680×220×10×12	350～680	222	10.0	12.0
22	⑨轴 VI 段	350×175×7×11	349	175	7.1	10.9
23	⑨轴 VII 段	350×175×7×11	349	176	6.8	11.1
24	⑨轴 VIII 段	589～350×200×8×10	588～350	200	8.1	10.1
25	2×Ⓒ-Ⓓ	250×125×6×8	250	125	6.0	8.1
26	4×Ⓒ-Ⓓ	250×125×6×8	250	125	5.9	7.9
27	8×Ⓒ-Ⓓ	250×125×6×8	250	124	6.1	7.9
28	10×Ⓒ-Ⓓ	250×125×6×8	251	125	5.9	8.1
29	12×Ⓒ-Ⓓ	250×125×6×8	250	125	6.0	8.0
30	13×Ⓒ-Ⓓ	250×125×6×8	251	125	6.0	8.0
31	14×Ⓒ-Ⓓ	250×125×6×8	249	125	5.9	8.1
32	6×Ⓒ-Ⓓ	250×125×6×8	251	126	6.0	8.1

注：钢梁检测位置示意图如图 10-24 所示。

由表 10-23 可知，该工程所检钢梁截面尺寸偏差值满足规范允许偏差的要求。

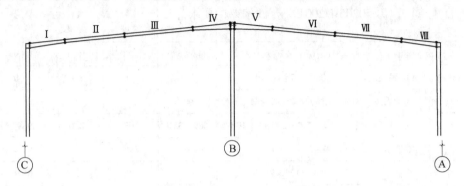

图 10-24   钢梁检测位置示意图

3. 钢柱垂直度检测

根据委托方委托，对该工程钢柱垂直度进行检测，随机抽取 5 根钢柱进行检测，根据《钢结构工程施工质量验收规范》（GB 50205—2001）表 E.0.1 可知，钢柱垂直度允许偏差为 $H/1000$mm，该工程钢柱检测高度为 7.0m。经计算，钢柱垂直度允许偏差为 7.0mm。经现场检测，钢柱垂直度检测结果见表 10-24。

表 10-24   钢柱垂直度检测结果   （mm）

构件名称	层数	构件编号	垂直度偏差检测值	
			向南	向东
钢柱	整体	3 × Ⓐ	−5	4
		3 × Ⓑ	4	3
		3 × Ⓒ	2	4
		6 × Ⓐ	−3	−3
		6 × Ⓑ	3	5
		6 × Ⓒ	−2	2
		9 × Ⓐ	3	4
		9 × Ⓑ	3	−3
		9 × Ⓒ	−4	4
		12 × Ⓐ	5	−2
		12 × Ⓑ	2	3
		12 × Ⓒ	−2	−6
		15 × Ⓐ	4	2

注：向南和向东偏为正方向，反之为负方向。

由表 10-24 可知，该工程所检钢柱垂直度偏差值满足《钢结构工程施工质量验收规范》（GB 50205—2001）允许偏差的要求。

4. 钢柱、钢梁焊缝焊脚尺寸检测

根据委托方委托，对该工程钢柱、钢梁焊缝焊脚尺寸进行检测，随机抽取 5 根钢柱、13 根钢梁。根据《钢结构工程施工质量验收规范》（GB 50205—2001）表 A.0.3 可知，焊脚尺寸 $h_f \leqslant 6\text{mm}$ 时，允许偏差为 $0 \sim 1.5\text{mm}$；焊脚尺寸 $h_f > 6\text{mm}$ 时，允许偏差为 $0 \sim 3.0\text{mm}$。钢柱、钢梁角焊缝焊脚尺寸检测位置示意图如图 10-25 所示。经现场检测，钢柱、钢梁焊缝焊脚尺寸检测结果见表 10-25 和表 10-26。

图 10-25　角焊缝焊脚尺寸检测位置示意图

表 10-25　钢柱腹板与翼缘板角焊缝焊脚尺寸检测结果　　　（mm）

构件名称	构件编号	设计值	允许范围	检测值				检测结果
				①	②	③	④	
钢柱	2 × Ⓑ	5	5 ~ 6.5	6.0	6.5	5.5	5.5	合格
	2 × Ⓒ	5	5 ~ 6.5	5.5	6.0	6.0	5.5	合格
	3 × Ⓑ	5	5 ~ 6.5	5.5	6.5	6.0	6.5	合格
	3 × Ⓒ	5	5 ~ 6.5	6.0	6.0	6.5	5.5	合格
	5 × Ⓑ	5	5 ~ 6.5	6.5	5.5	5.5	6.5	合格
	5 × Ⓒ	5	5 ~ 6.5	6.5	5.5	5.5	6.0	合格
	6 × Ⓑ	5	5 ~ 6.5	6.5	5.5	6.5	6.0	合格
	6 × Ⓒ	5	5 ~ 6.5	6.5	6.0	6.5	6.5	合格
	8 × Ⓑ	5	5 ~ 6.5	6.0	5.5	6.0	6.0	合格
	8 × Ⓒ	5	5 ~ 6.5	6.5	6.0	6.0	6.5	合格
	10 × Ⓑ	5	5 ~ 6.5	6.5	6.5	6.5	6.0	合格
	10 × Ⓒ	5	5 ~ 6.5	6.5	6.0	6.0	6.5	合格
	12 × Ⓑ	5	5 ~ 6.5	6.0	5.5	6.5	5.5	合格

由表 10-25 可知，该工程所检钢柱角焊缝焊脚尺寸偏差值满足《钢结构工程施工质量验收规范》（GB 50205—2001）允许偏差的要求。

表 10-26　钢梁腹板与翼缘板角焊缝焊脚尺寸检测结果　　　（mm）

构件名称	构件编号	设计值	允许范围	检测值				检测结果
				①	②	③	④	
钢梁	②轴Ⅰ段	5	5~6.5	5.5	6.0	5.5	5.5	合格
	②轴Ⅳ段	6	6~7.5	6.5	7.5	6.5	7.0	合格
	②轴Ⅴ段	6	6~7.5	7.5	6.5	7.5	6.5	合格
	②轴Ⅷ段	5	5~6.5	6.0	5.5	6.5	6.0	合格
	③轴Ⅰ段	5	5~6.5	5.5	6.5	6.0	6.0	合格
	③轴Ⅳ段	6	6~7.5	7.0	6.5	7.0	7.5	合格
	③轴Ⅴ段	6	6~7.5	6.5	6.5	6.5	7.5	合格
	③轴Ⅷ段	5	5~6.5	5.5	6.0	6.5	6.5	合格
	⑤轴Ⅰ段	5	5~6.5	6.0	6.0	6.0	5.5	合格
	⑤轴Ⅳ段	6	6~7.5	7.0	7.0	7.0	7.0	合格
	⑤轴Ⅴ段	6	6~7.5	7.0	7.0	7.5	6.5	合格
	⑤轴Ⅷ段	5	5~6.5	5.5	5.5	6.0	6.5	合格
	⑥轴Ⅰ段	5	5~6.5	6.0	5.5	6.0	6.5	合格
	⑥轴Ⅳ段	6	6~7.5	7.5	7.0	6.5	6.5	合格
	⑥轴Ⅴ段	6	6~7.5	6.5	6.5	7.5	7.5	合格
	⑥轴Ⅷ段	5	5~6.5	6.5	6.0	6.5	5.5	合格
	⑧轴Ⅰ段	5	5~6.5	5.5	6.5	6.0	5.5	合格
钢梁	⑧轴Ⅳ段	6	6~7.5	6.5	7.5	7.5	7.5	合格
	⑧轴Ⅴ段	6	6~7.5	7.0	6.5	7.5	6.5	合格
	⑧轴Ⅷ段	5	5~6.5	6.5	5.5	5.5	5.5	合格
	⑨轴Ⅰ段	5	5~6.5	6.0	5.5	5.5	5.5	合格
	⑨轴Ⅳ段	6	6~7.5	6.5	7.0	7.5	7.5	合格
	⑨轴Ⅴ段	6	6~7.5	7.5	7.0	6.5	7.5	合格
	⑨轴Ⅷ段	5	5~6.5	6.5	6.0	6.0	6.0	合格
	⑪轴Ⅰ段	5	5~6.5	6.0	5.5	6.5	6.0	合格
	⑪轴Ⅳ段	6	6~7.5	6.5	6.5	6.5	7.0	合格
	⑪轴Ⅴ段	6	6~7.5	7.0	7.0	6.5	7.0	合格
	⑪轴Ⅷ段	5	5~6.5	6.0	6.5	6.0	6.0	合格
	⑫轴Ⅰ段	5	5~6.5	6.0	5.5	6.5	6.0	合格
	⑫轴Ⅳ段	6	6~7.5	7.0	7.0	7.0	7.0	合格
	⑫轴Ⅴ段	6	6~7.5	7.0	7.5	7.0	7.0	合格
	⑫轴Ⅷ段	5	5~6.5	5.5	6.5	6.0	6.0	合格

由表 10-33 可知, 该工程所检钢梁角焊缝焊脚尺寸偏差值满足《钢结构工程施工质量验收规范》(GB 50205—2001) 允许偏差的要求。

5. 钢柱二级对接焊缝内部质量检测

根据委托方委托, 对该工程钢柱二级对接焊缝内部质量进行检测, 随机抽取5 根钢柱, 对其翼缘板与连接板对接焊缝进行超声波探伤检测, 超声波探伤检测参数见表 10-27, 检测结果见表 10-28。

表 10-27　超声波 (UT) 探伤检测参数

检测地点	现场		检测范围	焊缝及热影响区	
仪器	型号	XG-860	探头	编号	1 号
	工作频率	2.5MHz		类型	斜
	扫描调节	垂直 1 : 1		规格	$8 \times 8K2$
	探测范围	100mm		前沿	10mm
	脉冲强度	弱		零偏	$8.68\mu s$
	回波抑制	0%		实测 K 值	2.02
试块	CSK-1A RB-3/20	检测等级	B 级	表面处理	打磨
耦合剂	机油	合格级别	Ⅲ 级	探伤方式	双面单侧
执行标准	《钢结构现场检测技术标准》(GB/T 50621—2010)				
	《钢结构工程施工质量验收规范》(GB 50205—2001)				

根据《钢结构现场检测技术标准》(GB/T 50621—2010) 第 7.4 节进行评定。最大反射波幅位于 Ⅱ 区的非危险性缺陷, 可根据缺陷指示长度 ΔL 进行评级。根据《钢结构现场检测技术标准》(GB/T 50621—2010) 表 7.4.3 可知, 当板厚为 8 ~ 15mm 时, 缺陷指示长度为 0 ~ 10mm, 评定为 Ⅰ 级; 缺陷指示长度为 11 ~ 12mm, 评定为 Ⅱ 级; 缺陷指示长度为 13 ~ 16mm, 评定为 Ⅲ 级; 缺陷指示长度大于 16mm, 评定为 Ⅳ 级。根据《钢结构工程施工质量验收规范》(GB 50205—2001) 可知, 二级焊缝的评定等级不能超过 Ⅲ 级。

表 10-28　钢柱翼缘与连接板二级对接焊缝探伤结果

序号	焊缝 (部位) 编号	检测钢板厚度/mm	检测长度/mm	检测比率/%	缺陷深度/mm	指示长度/mm	波幅 (区)	评定级别
	钢柱翼缘与连接板对接焊缝 (二级)				—	—	—	二级 (Ⅲ)
1	$3 \times Ⓑ$	10	220	100	3.3	15	Ⅱ	Ⅲ
2	$3 \times Ⓒ$	10	220	100	8.6	16	Ⅱ	Ⅲ

续表

序号	焊缝（部位）编号	检测钢板厚度/mm	检测长度/mm	检测比率/%	缺陷深度/mm	指示长度/mm	波幅（区）	评定级别
	钢柱翼缘与连接板对接焊缝（二级）	—	—	—				二级（Ⅲ）
3	5×Ⓑ	10	220	100	6.0	13	Ⅱ	Ⅲ
4	5×Ⓒ	10	220	100	4.2	15	Ⅱ	Ⅲ
5	8×Ⓑ	10	220	100	4.3	14	Ⅱ	Ⅲ

由表 10-28 可知，该工程所检钢柱翼缘与连接板二级对接焊缝满足设计及《钢结构工程施工质量验收规范》（GB 50205—2001）的要求。

6. 上部结构承载力复核验算

依据上述检测结果、委托方提供的图纸及国家相关规范标准，采用 PKPM（2010 版）结构设计软件对该建筑上部承重结构的承载力进行复核验算。依据设计图纸，具体复核参数及荷载取值如下：

该地区抗震设防烈度为 7 度，设计基本地震加速度为 0.15g，地震分组为第一组；建筑场地类别为 Ⅲ 类；基本风压为 0.3kN/m²，基本雪压为 0.35kN/m²，地面粗糙度类别为 B 类。

恒荷载：屋面取 0.2kN/m²；

活荷载：屋面取 0.35kN/m²。

经计算，该建筑物上部承重结构的安全承载力满足《门式刚架轻型房屋钢结构技术规范》（GB 51022—2015）和《钢结构设计规范》（GB 50017—2003）的要求。

7. 综合评定

经现场普查和检测，该建筑物构造措施符合设计要求，钢柱、钢梁截面尺寸及角焊缝焊脚尺寸，钢柱垂直度的偏差值满足相关规范允许偏差的要求，钢柱二级对接焊缝内部质量满足设计及《钢结构工程施工质量验收规范》（GB 50205—2001）的要求，上部结构安全承载力满足《门式刚架轻型房屋钢结构技术规范》（GB 51022—2015）和《钢结构设计规范》（GB 50017—2003）的要求。

综上，经综合评定，该建筑的安全性满足设计要求。

10.5.5 检测鉴定结论

（1）该工程外观质量普查未见明显外观缺陷，地基基础未发现明显不均匀沉降，结果详见表 10-21。

（2）该工程所检钢柱、钢梁的截面尺寸偏差值满足相应规范允许偏差的要求。

（3）该工程所检钢柱垂直度偏差值满足《钢结构工程施工质量验收规范》（GB 50205—2001）允许偏差的要求。

（4）该工程所检钢柱、钢梁角焊缝焊脚尺寸偏差值满足《钢结构工程施工质量验收规范》（GB 50205—2001）允许偏差的要求。

（5）该工程所检钢柱二级对接焊缝质量满足设计及《钢结构工程施工质量验收规范》（GB 50205—2001）的要求。

（6）经计算，该建筑物上部承重结构的安全承载力满足《门式刚架轻型房屋钢结构技术规范》（GB 51022—2015）和《钢结构设计规范》（GB 50017—2003）的要求。

（7）经综合评定，该建筑的安全性满足设计要求。

10.6 某中学中心食堂鉴定实例

10.6.1 工程概况

某中学中心食堂结构形式为门式刚架结构 + 框架结构，总建筑面积为 2085.7m²，长 59.6m、宽 34.6m，地上一层。现场外景如图 10-26 所示，内景如图 10-27 所示。该工程由某公司建设，某公司设计，某公司施工，监理单位不详。

图 10-26 某中学中心食堂外景

图 10-27　某中学中心食堂内景

10.6.2　检测鉴定原因及目的

因该工程使用时间较长,为查明该工程(钢结构部分)质量现状,某公司特委托对该建筑物进行工程质量安全性鉴定。

10.6.3　检测鉴定依据

(1)委托书、原设计施工图及相关技术资料。

(2)《建筑结构检测技术标准》(GB/T 50344)。

(3)《钢结构设计标准》(GB 50017—2017)。

(4)《钢结构工程施工质量验收规范》(GB 50205—2001)。

(5)《门式刚架轻型房屋钢结构技术规范》(GB 51022—2015)。

(6)《钢结构现场检测技术标准》(GB/T 50621—2010)。

(7)《热轧钢板和钢带的尺寸、外形、重量及允许偏差》(GB/T 709—2006)。

(8)《民用建筑可靠性鉴定标准》(GB 50292—2015)。

10.6.4　检测鉴定项目、数量、方法和结果

1. 外观质量现状普查

对该建筑物现有外观质量状况普查,2018 年 8 月 6 日至 2018 年 8 月 10 日委托方对该工程钢构件进行了重新喷漆,检测结果详见表 10-29、表 10-30。

表 10-29 外观质量现状普查结果

序号	构件名称	缺陷描述
1	基础	未发现因不均匀沉降而产生的明显变形、开裂等现象
2	钢柱	部分柱底与地面接触部位锈蚀（详见表 10-37）
3	钢梁	未发现较大变形、裂缝缺陷
4	檩条	未发现较大变形、裂缝缺陷
5	支撑系统	未发现较大变形、裂缝缺陷
6	隔撑、拉条、撑杆	未发现较大变形缺陷
7	屋面	未发现较大变形缺陷
8	节点连接	螺栓连接符合原设计要求

表 10-30 钢柱锈蚀程度检测结果 （mm）

序号	钢柱位置	锈蚀部位	腹板		东侧翼缘板		西侧翼缘板	
			残余厚度	锈蚀程度	残余厚度	锈蚀程度	残余厚度	锈蚀程度
1	Ⓐ×1/1	地面以上 300mm 范围内	0	100%	5.0	37.5%	5.0	37.5%
2	Ⓐ×2	地面以上 300mm 范围内	0	100%	3.0	62.5%	2.0	75%
3	Ⓐ×3	地面以上 600mm 范围内	3.0	62.5%	3.0	62.5%	3.0	62.5%
4	Ⓐ×4	地面以上 600mm 范围内	0	100%	3.0	62.5%	0	100%
5	Ⓐ×5	地面以上 500mm 范围内	0	100%	5.0	37.5%	6.0	25%
6	Ⓐ×6	地面以上 200mm 范围内	4.0	50%	6.0	25%	6.0	25%
7	Ⓐ×7	地面以上 400mm 范围内	3.0	62.5%	5.0	37.5%	5.0	37.5%
8	Ⓐ×8	地面以上 400mm 范围内	5.0	37.5%	6.0	25%	6.0	25%
9	Ⓐ×9	地面以上 200mm 范围内	5.5	35%	7	12.5%	7	12.5%
10	Ⓐ×1/9	地面以上 200mm 范围内	5.5	35%	7	12.5%	7	12.5%
11	Ⓔ×8	地面以上 100mm 范围内	0	100%	7	12.5%	7	12.5%
12	Ⓔ×7	地面以上 100mm 范围内	0	100%	7	12.5%	7	12.5%
13	Ⓔ×5	地面以上 100mm 范围内	7	12.5%	7	12.5%	7	12.5%

注：残余厚度指钢板最薄处厚度，由于该工程刚进行完喷漆作业，其余位置未发现明显锈蚀现象。

2. 构件截面尺寸检测

对该工程钢柱、钢梁未锈蚀部位截面尺寸进行检测，根据《建筑结构检测技术标准》（GB/T 50344）表 3.3.13 的规定，本次检测类别按 B 类抽样，随机抽取 5 根钢柱、8 根钢梁尺量钢构件截面几何尺寸。该工程所检钢柱、钢梁均为焊接 H 型钢，钢柱、钢梁截面尺寸检测示意图如图 10-28 所示，具体检测结果见表 10-31、表 10-32。

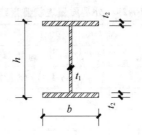

图 10-28　钢柱、钢梁截面尺寸检测示意图

表 10-31　钢柱截面尺寸检测结果　（mm）

检测部位	b		h		t_1		t_2	
	实测值	设计值	实测值	设计值	实测值	设计值	实测值	设计值
2×Ⓐ	230	230	301~700	300~700	6.0	6	8.1	8
5×Ⓐ	230	230	300~700	300~700	6.1	6	8.1	8
7×Ⓐ	231	230	301~700	300~700	5.9	6	7.9	8
8×Ⓔ	230	230	300~700	300~700	5.9	6	8.0	8
6×Ⓔ	229	230	301~701	300~700	6.0	6	8.0	8

表 10-32　钢梁截面尺寸检测结果　（mm）

检测部位	b		h		t_1		t_2	
	实测值	设计值	实测值	设计值	实测值	设计值	实测值	设计值
2×Ⓐ~Ⓒ	201	200	399~650	400~650	5.9	6	8.1	8
2×Ⓒ~Ⓔ	201	200	401~649	400~650	6.1	6	8.1	8
3×Ⓐ~Ⓒ	200	200	400~649	400~650	5.9	6	8.0	8
3×Ⓒ~Ⓔ	200	200	400~649	400~650	5.9	6	8.1	8
5×Ⓐ~Ⓒ	201	200	401~650	400~650	5.9	6	7.9	8
5×Ⓒ~Ⓔ	200	200	400~650	400~650	6.0	6	8.1	8
8×Ⓐ~Ⓒ	200	200	399~650	400~650	6.1	6	8.0	8
8×Ⓒ~Ⓔ	201	200	400~650	400~650	6.0	6	8.0	8

根据《钢结构工程施工质量验收规范》（GB 50205—2001）表 C.0.1 可知，当 500mm＜截面高度 h＜1000mm 时，h 允许偏差为 ±3.0mm；当截面高度 h＜500mm 时，h 允许偏差为 ±2.0mm。截面宽度 b 允许偏差为 ±3.0mm。根据《热轧钢板和钢带的尺寸、外形、重量及允许偏差》（GB/T 709—2006）可知，5mm＜

钢板厚度≤8mm 时，允许偏差为 +0.65mm；8mm < 钢板厚度≤15mm 时，允许偏差为 +0.70mm 和 -0.40mm。由检测结果得知，该工程所检钢柱、钢梁截面几何尺寸均满足原设计要求。

3. 钢柱垂直度检测

根据委托方委托，对该工程具备检测条件的钢柱垂直度进行检测，根据《钢结构工程施工质量验收规范》（GB 50205—2001）表 E.0.1 可知，钢柱垂直度允许偏差为 $H/1000$mm，该工程Ⓐ轴、Ⓔ轴钢柱检测高度为 5.4m。经计算，Ⓐ轴、Ⓔ轴钢柱垂直度允许偏差为 5.4mm。经现场检测，钢柱垂直度检测结果见表 10-33。

表 10-33　钢柱垂直度检测结果　　　　　　　　（mm）

构件名称	层数	构件编号	垂直度偏差检测值	
			向南	向北
钢柱	整体	Ⓔ×9	2	/
		Ⓐ×9	/	20
		Ⓐ×8	2	/
		Ⓔ×8	2	/
		Ⓔ×7	6	/
		Ⓐ×7	5	/
		Ⓐ×6	/	20
		Ⓔ×6	/	20
		Ⓐ×5	/	7
		Ⓔ×5	/	14
		Ⓔ×4	3	/
		Ⓐ×4	3	/
		Ⓐ×3	2	/
		Ⓔ×3	5	/
		Ⓔ×2	1	/
		Ⓐ×2	1	/

4. 钢柱、钢梁焊缝焊脚尺寸检测

根据委托方委托，对该工程钢柱、钢梁焊缝焊脚尺寸进行检测，角焊缝焊脚尺寸检测位置示意图如图 10-29 所示。根据《钢结构工程施工质量验收规范》（GB 50205—2001）表 A.0.3 可知，当焊脚尺寸 h_f≤6mm 时，允许偏差为 0 ~ 1.5mm；当焊脚尺寸 h_f > 6mm 时，允许偏差为 0 ~ 3.0mm。经现场检测，钢柱、钢梁焊缝焊脚尺寸检测结果见表 10-34 和表 10-35。

图 10-29　角焊缝焊脚尺寸检测位置示意图

表 10-34　钢柱腹板与翼缘板角焊缝焊脚尺寸检测结果　　　　（mm）

构件名称	构件编号	设计值	允许范围	检测值				检测结果
				①	②	③	④	
钢柱	2×Ⓐ	5	5~6.5	6.0	6.0	5.5	6.0	合格
	5×Ⓐ	5	5~6.5	6.0	5.5	6.5	6.0	合格
	7×Ⓐ	5	5~6.5	5.5	5.5	5.5	5.5	合格
	8×Ⓔ	5	5~6.5	6.0	5.5	6.5	6.5	合格
	6×Ⓔ	5	5~6.5	6.0	6.0	6.0	6.0	合格

由表 10-41 可知，该工程所检钢柱角焊缝焊脚尺寸偏差值满足《钢结构工程施工质量验收规范》（GB 50205—2001）允许偏差的要求。

表 10-35　钢梁腹板与翼缘板角焊缝焊脚尺寸检测结果　　　　（mm）

构件名称	构件编号	设计值	允许范围	检测值				检测结果
				①	②	③	④	
钢梁	2×Ⓐ~Ⓒ	5	5~6.5	6.5	6.5	6.0	6.0	合格
	2×Ⓒ~Ⓔ	5	5~6.5	6.0	6.0	6.5	6.0	合格
	3×Ⓐ~Ⓒ	5	5~6.5	6.0	5.5	6.0	5.5	合格
	3×Ⓒ~Ⓔ	5	5~6.5	5.5	6.5	6.5	6.5	合格
	5×Ⓐ~Ⓒ	5	5~6.5	6.5	6.5	5.5	6.0	合格
	5×Ⓒ~Ⓔ	5	5~6.5	6.0	5.5	6.5	5.5	合格
	8×Ⓐ~Ⓒ	5	5~6.5	5.5	5.5	5.5	6.0	合格
	8×Ⓒ~Ⓔ	5	5~6.5	6.5	6.5	5.5	6.0	合格

由表 10-35 可知，该工程所检钢梁角焊缝焊脚尺寸偏差值满足《钢结构工程施工质量验收规范》（GB 50205—2001）允许偏差的要求。

5. 钢柱、钢梁焊缝外观质量检测

根据委托方委托，对该工程钢柱、钢梁焊缝外观质量检测，依据《钢结构工程施工质量验收规范》（GB 50205—2001）的规定，焊缝表面均匀平整，表面无裂纹、气孔、夹渣、弧坑裂纹、电弧擦伤等缺陷。经现场检测，钢柱、钢梁焊缝外观质量检测结果分别见表 10-36、表 10-37。

表 10-36　钢柱焊缝外观质量检测结果

构件名称	构件编号	检测焊缝条数	焊缝等级	检测结果					
				未焊满	咬边	弧坑裂纹	电弧擦伤	表面夹渣	表面气孔
钢柱	2×Ⓐ	翼缘与连接板焊缝 1 条	二级	焊满	无	无	无	无	无
	5×Ⓐ	翼缘与连接板焊缝 1 条	二级	焊满	无	无	无	无	无
	7×Ⓐ	翼缘与连接板焊缝 1 条	二级	焊满	无	无	无	无	无
	8×Ⓔ	翼缘与连接板焊缝 1 条	二级	焊满	无	无	无	无	无
	6×Ⓔ	翼缘与连接板焊缝 1 条	二级	焊满	无	无	无	无	无

由表 10-37 可知，该工程所检钢柱焊缝外观质量满足《钢结构工程施工质量验收规范》（GB 50205—2001）的要求。

表 10-37　钢梁焊缝外观质量检测结果

构件名称	构件编号	检测焊缝条数	焊缝等级	检测结果					
				未焊满	咬边	弧坑裂纹	电弧擦伤	表面夹渣	表面气孔
钢梁	2×Ⓐ~Ⓒ	翼缘与端板 4 条	二级	焊满	无	无	无	无	无
	2×Ⓒ~Ⓔ	翼缘与端板 4 条	二级	焊满	无	无	无	无	无
	3×Ⓐ~Ⓒ	翼缘与端板 4 条	二级	焊满	无	无	无	无	无
	3×Ⓒ~Ⓔ	翼缘与端板 4 条	二级	焊满	无	无	无	无	无
	5×Ⓐ~Ⓒ	翼缘与端板 4 条	二级	焊满	无	无	无	无	无
	5×Ⓒ~Ⓔ	翼缘与端板 4 条	二级	焊满	无	无	无	无	无
	8×Ⓐ~Ⓒ	翼缘与端板 4 条	二级	焊满	无	无	无	无	无
	8×Ⓒ~Ⓔ	翼缘与端板 4 条	二级	焊满	无	无	无	无	无

由表 10-37 可知，该工程所检钢梁焊缝外观质量满足《钢结构工程施工质量验收规范》（GB 50205—2001）的要求。

6. 上部结构承载力复核验算

依据检测结果及国家相关规范标准，采用 PKPM（2010 版）结构设计软件对该建筑上部承重结构的承载力进行复核验算。

根据设计图纸该地区抗震设防烈度为 7 度，地震加速度为 $0.10g$，地震分组为第二组；场地类别为Ⅲ类，结构设计使用年限为 50 年，地面粗糙度为 B 类。

验算荷载取值：屋面恒荷载为 $0.50kN/m^2$；屋面活荷载为 $0.30kN/m^2$；基本风压为 $0.35kN/m^2$；基本雪压为 $0.30kN/m^2$。

经计算，该建筑物Ⓐ×④轴钢柱地面处截面承载力不满足规范要求，其他构件除钢柱地面处锈蚀部分外，钢梁、钢柱的承载力满足原设计图纸要求。

10.6.5　检测鉴定结论

（1）经现场普查，该工程部分钢柱底部出现锈蚀现象，具体检测结果见表10-37。

（2）该工程所检钢柱、钢梁未锈蚀部位的截面尺寸偏差值满足相应规范允许偏差的要求。

（3）该工程所检钢柱垂直度偏差值见表10-40。

（4）该工程所检钢柱、钢梁角焊缝焊脚尺寸偏差值满足《钢结构工程施工质量验收规范》（GB 50205—2001）允许偏差的要求。

（5）该工程所检钢柱、钢梁焊缝外观质量满足《钢结构工程施工质量验收规范》（GB 50205—2001）的要求。

（6）经计算，该建筑物Ⓐ×④轴钢柱地面处截面承载力不满足规范要求，其他构件除钢柱地面处锈蚀部分外，钢梁、钢柱的承载力满足原设计图纸要求。（图10-30～图10-33）

建议对Ⓐ×④轴钢柱及已锈蚀的钢构件采取加固处理措施，同时对钢构件定期进行刷漆保护。

图10-30　Ⓐ×①柱脚锈蚀

图10-31　Ⓐ×②柱脚锈蚀

图 10-32　Ⓐ×④柱脚锈蚀　　　　　　图 10-33　Ⓐ×⑤柱脚锈蚀

10.7　某公司通廊鉴定实例

10.7.1　工程概况

　　某公司通廊结构形式为空间钢桁架结构。现场外景如图 10-34 所示,结构布置及检测位置示意图如图 10-35 所示。该工程由某公司建设,某公司设计,某公司施工,监理单位不详。

图 10-34　某公司通廊外景

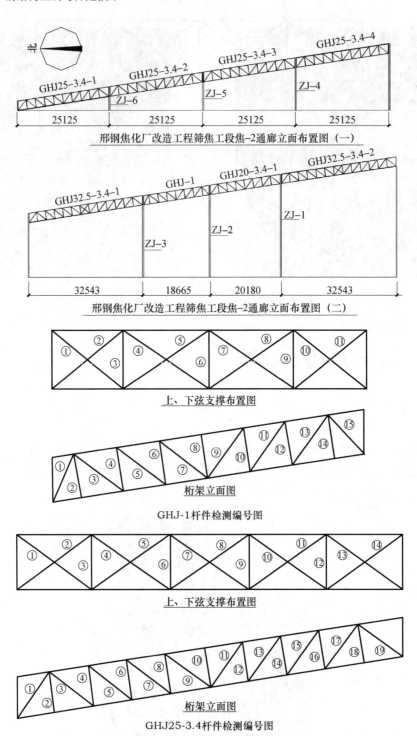

图 10-35　结构布置及检测位置示意图

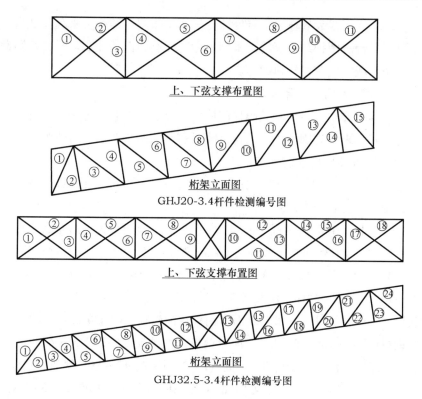

上、下弦支撑布置图

桁架立面图

GHJ20-3.4杆件检测编号图

上、下弦支撑布置图

桁架立面图

GHJ32.5-3.4杆件检测编号图

图 10-35　结构布置及检测位置示意图（续图）

10.7.2　检测原因及目的

因该工程围护结构出现损坏，为查明该工程钢构件的质量状况，某公司特委托对该工程通廊和钢支架进行质量鉴定。

10.7.3　检测鉴定依据

（1）合同、委托方提供的部分竣工图纸及相关技术资料。

（2）《钢结构现场检测技术标准》（GB/T 50621—2010）。

（3）《钢结构设计规范》（GB 50017—2003）。

（4）《钢结构工程施工质量验收规范》（GB 50205—2001）。

（5）《工业建筑可靠性鉴定标准》（GB 50144—2008）。

10.7.4　检测鉴定项目、数量、方法和结果

1. 使用条件的调查与检测

该工程始建于 2000 年 2 月，于 2001 年投入使用，主要用途为煤焦砟的运输。截止到目前，该工程在使用期间未发生过加固、改扩建及使用用途的改变。

结构工作环境为厂区大气环境，有侵蚀性气体。作用在结构上永久荷载有结构构件、走道板平台、围护结构等的自重，可变荷载有屋面活荷载、平台活荷载、雪荷载、积灰荷载、皮带机活荷载等。

2. 地基基础不均匀沉降调查

对该工程上部结构及地基基础目前使用状况进行调查，经调查上部结构目前使用状况良好，未发现因地基不均匀沉降而引起的结构倾斜、扭曲等变形。

3. 结构布置和构件损伤普查

该工程结构由空间桁架和平面支架组成，通廊空间桁架由四个平面桁架组成，对该结构构件普查发现：

GHJ25-3.4-1 节间（1～2、4～5、5～6）屋面彩钢板锈蚀破损，上弦杆节间（9～10）锈蚀；GHJ25-3.4-3 节间（2～3、3～4、5～6）屋面彩钢板锈蚀破损；GHJ25-3.4-4 节间（3～4、4～5）屋面彩钢板锈蚀；GHJ25-3.4-4 节间（9～10、10～11）墙面彩钢板锈蚀破损；GHJ32.5-3.4-1 节间（2～5、5～8、8～14）墙面彩钢板锈蚀破损，GHJ-1 节间（1～8）墙面彩钢板锈蚀破损；GHJ20-3.4-1 节间（2～8）屋面彩钢板锈蚀，节间（2～3）墙面彩钢板锈蚀破损；GHJ32.5-3.4-2 节间（2～14、5～6）屋面彩钢板锈蚀破损，节间（2～3、4～7、12～13）墙面彩钢板锈蚀破损；ZJ-1～ZJ-6 柱脚及支撑节点处腐蚀严重，现场检测外观如图 10-36 所示。

节间（4～5）屋面彩钢板锈蚀破损　　　　　节间（9～10）上弦杆锈蚀

(a) GHJ25-3.4-1现场普查

节间（5～6）屋面彩钢板锈蚀破损　　　　　节间（2～3）屋面彩钢板锈蚀破损

(b) GHJ25-3.4-3现场普查

图 10-36　现场检测外观

节间（3~4）屋面彩钢板锈蚀　　　　　　节间（9~10）墙面彩钢板锈蚀破损

(c) GHJ25-3.4-4现场普查

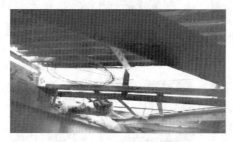

节间（5~8）墙面彩钢板锈蚀破损

(d) GHJ32.5-3.4-1现场普查

节间（2~3）墙面彩钢板锈蚀破损　　　　　节间（2~8）屋面彩钢板锈蚀

(e) GHJ20-3.4-1现场普查

节间（2~8）屋面彩钢板锈蚀　　　　　　节间（4~7）墙面彩钢板锈蚀破损

(f) GHJ20-3.4-2现场普查

图 10-36　现场检测外观（续一）

(g) ZJ-2现场普查

(h) ZJ-3现场普查

(i) ZJ-4现场普查

图 10-36　现场检测外观（续二）

(j) ZJ-5现场普查

(k) ZJ-6现场普查

图 10-36　现场检测外观（续三）

4. 构件截面尺寸检测

对该工程桁架、支架杆件的截面尺寸采用量测法进行检测，抽检数量依据《钢结构现场检测技术标准》（GB/T 50621—2010）中 B 类抽样，抽检数量为桁架上弦杆 16 根、下弦杆 16 根、腹杆 50 根，上弦支撑杆件 32 根，下弦支撑杆件 32 根，钢支架构件 12 根，共计杆件 158 根。检测结果分别见表 10-38、表 10-39。

表10-38　桁架杆件截面尺寸检测结果　（mm）

杆件类别	检测位置	杆件编号	截面种类	截面宽度	截面厚度
上弦杆	GHJ25-3.4-1（东）	—	等边角钢	130	10.8
	GHJ25-3.4-1（西）	—	等边角钢	131	10.6
	GHJ25-3.4-2（东）	—	等边角钢	132	9.7
	GHJ25-3.4-2（西）	—	等边角钢	131	10.3
	GHJ25-3.4-3（东）	—	等边角钢	131	10.6
	GHJ25-3.4-3（西）	—	等边角钢	132	10.6
	GHJ25-3.4-4（东）	—	等边角钢	131	10.8
	GHJ25-3.4-4（西）	—	等边角钢	131	10.9
	GHJ32.5-3.4-1（东）	—	等边角钢	162	12.3
	GHJ32.5-3.4-1（西）	—	等边角钢	163	12.6
	GHJ32.5-3.4-2（东）	—	等边角钢	161	12.2
	GHJ32.5-3.4-2（西）	—	等边角钢	161	11.8
	GHJ-1（东）	—	等边角钢	112	12.4
	GHJ-1（西）	—	等边角钢	111	12.7
	GHJ20-3.4-1（东）	—	等边角钢	112	10.2
	GHJ20-3.4-1（西）	—	等边角钢	111	10.8
下弦杆	GHJ25-3.4-1（东）	—	等边角钢	132	10.4
	GHJ25-3.4-1（西）	—	等边角钢	131	10.6
	GHJ25-3.4-2（东）	—	等边角钢	132	10.2
	GHJ25-3.4-2（西）	—	等边角钢	132	9.8
	GHJ25-3.4-3（东）	—	等边角钢	132	10.4
	GHJ25-3.4-3（西）	—	等边角钢	131	10.9
	GHJ25-3.4-4（东）	—	等边角钢	130	10.3
	GHJ25-3.4-4（西）	—	等边角钢	131	10.6
	GHJ32.5-3.4-1（东）	—	等边角钢	162	12.2
	GHJ32.5-3.4-1（西）	—	等边角钢	162	12.4
	GHJ32.5-3.4-2（东）	—	等边角钢	161	12.8

杆件类别	检测位置	杆件编号	截面种类	截面宽度	截面厚度
下弦杆	GHJ32.5-3.4-2（西）	—	等边角钢	162	12.3
	GHJ-1（东）	—	等边角钢	101	8.2
	GHJ-1（西）	—	等边角钢	102	8.5
	GHJ20-3.4-1（东）	—	等边角钢	101	10.3
	GHJ20-3.4-1（西）	—	等边角钢	102	10.8
腹杆	GHJ25-3.4-1（东）	2	等边角钢	64	6.9
		3	等边角钢	76	6.3
		5	等边角钢	63	6.8
		7	等边角钢	65	6.5
		8	等边角钢	65	6.3
		9	等边角钢	65	7.2
	GHJ25-3.4-1（西）	10	等边角钢	63	6.9
		12	等边角钢	65	6.7
		13	等边角钢	63	6.9
		15	等边角钢	64	6.3
		16	等边角钢	81	6.2
		17	等边角钢	76	6.6
	GHJ32.5-3.4-1（东）	1	等边角钢	112	10.3
		2	等边角钢	64	6.5
		4	等边角钢	91	8.9
		5	等边角钢	76	6.7
		7	等边角钢	65	8.3
		9	等边角钢	63	8.8
		10	等边角钢	64	6.4
	GHJ32.5-3.4-1（西）	11	等边角钢	63	6.3
		12	等边角钢	65	7.3
		15	等边角钢	64	6.8
		16	等边角钢	63	8.3
		18	等边角钢	65	8.5
		19	等边角钢	75	6.7
		20	等边角钢	75	6.2

杆件类别	检测位置	杆件编号	截面种类	截面宽度	截面厚度
腹杆	GHJ-1（东）	1	等边角钢	101	8.7
		2	等边角钢	64	6.2
		3	等边角钢	63	6.8
		5	等边角钢	65	6.4
		6	等边角钢	64	6.9
		7	等边角钢	65	6.8
	GHJ-1（西）	8	等边角钢	63	6.2
		9	等边角钢	65	7.5
		10	等边角钢	63	6.9
		11	等边角钢	64	6.3
		13	等边角钢	63	6.7
		14	等边角钢	65	6.5
	GHJ20-3.4-1（东）	1	等边角钢	112	8.2
		2	等边角钢	63	6.8
		3	等边角钢	65	7.3
		4	等边角钢	64	6.8
		6	等边角钢	63	6.3
		7	等边角钢	64	6.6
	GHJ20-3.4-1（西）	8	等边角钢	63	6.4
		9	等边角钢	65	6.8
		10	等边角钢	63	6.4
		12	等边角钢	65	6.8
		13	等边角钢	63	6.9
		14	等边角钢	64	6.6
上弦支撑	GHJ25-3.4-1	1	等边角钢	71	6.4
		2	等边角钢	70	7.4
		4	等边角钢	72	6.5
		5	等边角钢	70	6.8
	GHJ25-3.4-2	7	等边角钢	72	6.3
		8	等边角钢	71	6.9
		10	等边角钢	73	6.6
		11	等边角钢	72	7.4

续表

杆件类别	检测位置	杆件编号	截面种类	截面宽度	截面厚度
上弦支撑	GHJ25-3.4-3	1	等边角钢	70	6.6
		2	等边角钢	71	6.9
		4	等边角钢	71	7.3
		5	等边角钢	72	6.3
	GHJ25-3.4-4	7	等边角钢	73	7.6
		8	等边角钢	72	6.8
		10	等边角钢	70	7.3
		11	等边角钢	71	7.7
	GHJ32.5-3.4-1	1	等边角钢	72	6.9
		2	等边角钢	73	6.3
	GHJ32.5-3.4-1	4	等边角钢	70	6.5
		5	等边角钢	72	6.8
	GHJ32.5-3.4-2	11	等边角钢	71	6.4
		12	等边角钢	72	6.3
		14	等边角钢	72	6.5
		15	等边角钢	73	7.3
	GHJ-1	7	等边角钢	72	7.8
		8	等边角钢	70	7.3
		10	等边角钢	71	6.9
		11	等边角钢	70	6.3
	GHJ20-3.4-1	1	等边角钢	73	6.7
		2	等边角钢	70	6.4
		7	等边角钢	72	6.8
		8	等边角钢	70	6.3
下弦支撑	GHJ25-3.4-1	1	等边角钢	65	6.4
		2	等边角钢	63	6.9
		4	等边角钢	64	6.8
		5	等边角钢	63	7.3
	GHJ25-3.4-2	7	等边角钢	65	7.6
		8	等边角钢	63	6.9
		13	等边角钢	64	6.3
		14	等边角钢	65	6.8

杆件类别	检测位置	杆件编号	截面种类	截面宽度	截面厚度
下弦支撑	GHJ25-3.4-3	4	等边角钢	63	7.6
		5	等边角钢	64	7.4
		7	等边角钢	63	6.6
		8	等边角钢	65	6.4
	GHJ25-3.4-4	10	等边角钢	63	6.9
		11	等边角钢	64	7.3
		13	等边角钢	63	6.8
		14	等边角钢	65	6.3
	GHJ32.5-3.4-1	1	等边角钢	63	6.5
		2	等边角钢	64	6.8
		7	等边角钢	65	6.7
		8	等边角钢	64	7.2
	GHJ32.5-3.4-2	11	等边角钢	63	7.5
		12	等边角钢	64	6.7
		14	等边角钢	63	6.5
		15	等边角钢	65	7.4
	GHJ-1	4	等边角钢	63	6.9
		5	等边角钢	64	6.5
		7	等边角钢	65	6.7
		8	等边角钢	65	7.6
	GHJ20-3.4-1	1	等边角钢	63	6.8
		2	等边角钢	65	6.5
		4	等边角钢	64	6.8
		5	等边角钢	64	7.6

表 10-39　支架杆件截面尺寸检测结果　　　　　　（mm）

检测位置	截面种类	截面高度	翼缘宽度	腹板厚度	翼缘厚度
ZJ-1（东）	工字钢	561	167	12.3	21.1
ZJ-1（西）	工字钢	562	167	12.6	20.9
ZJ-2（东）	工字钢	561	168	12.5	21.2
ZJ-2（西）	工字钢	562	166	12.4	21.0
ZJ-3（东）	工字钢	561	167	12.5	21.2
ZJ-3（西）	工字钢	561	167	12.7	21.1

续表

检测位置	截面种类	截面高度	翼缘宽度	腹板厚度	翼缘厚度
ZJ-4（东）	工字钢	561	165	12.5	20.8
ZJ-4（西）	工字钢	560	163	12.7	20.9
ZJ-5（东）	工字钢	451	153	11.2	18.2
ZJ-5（西）	工字钢	452	152	11.5	18.1
ZJ-6（东）	工字钢	451	153	11.2	18.3
ZJ-6（西）	工字钢	452	152	11.4	18.1

5. 桁架双角钢受压腹杆双向弯曲检测

对该工程桁架双角钢受压腹杆采用量测进行双向弯曲检测，抽检数量依据《钢结构现场检测技术标准》（GB/T 50621—2010）中 B 类抽样，抽检数量为双角钢受压腹杆 50 根，共计杆件 50 根。检测结果见表 10-40。

表 10-40　桁架双角钢受压腹杆双向弯曲检测结果　　　　（mm）

检测位置	杆件编号	杆件长度	检测值	
			平面内	平面外
GHJ25-3.4-1（东）	2	2500	2	3
	8	2500	1	4
	10	2500	2	5
GHJ25-3.4-1（西）	4	2500	2	5
	12	2500	3	3
	16	2500	2	4
GHJ25-3.4-2（东）	6	2500	3	5
	10	2500	2	6
	14	2500	2	5
GHJ25-3.4-2（西）	2	2500	3	4
	8	2500	2	5
	10	2500	3	6
GHJ25-3.4-3（东）	4	2500	1	6
	12	2500	3	4
	16	2500	1	5
GHJ25-3.4-3（西）	8	2500	2	5
	10	2500	2	6
	12	2500	3	6

续表

检测位置	杆件编号	杆件长度	检测值	
			平面内	平面外
GHJ25-3.4-4（东）	4	2500	3	4
	6	2500	2	5
	10	2500	2	5
GHJ25-3.4-4（西）	8	2500	3	6
	12	2500	1	4
	14	2500	1	5
GHJ32.5-3.4-1（东）	4	2500	2	5
	8	2500	3	6
	10	2500	2	4
GHJ32.5-3.4-1（西）	2	2500	3	5
	6	2500	2	5
	8	2500	3	4
GHJ32.5-3.4-2（东）	13	2500	2	3
	17	2500	2	6
	19	2500	3	4
GHJ32.5-3.4-2（西）	15	2500	1	6
	17	2500	1	5
	21	2500	2	4
GHJ-1（东）	2	2500	1	5
	8	2500	3	6
	10	2500	2	4
GHJ-1（西）	4	2500	2	5
	6	2500	1	5
	12	2500	1	6
GHJ20-3.4-1（东）	2	2500	2	4
	6	2500	1	5
	8	2500	2	6
	10	2500	2	4
GHJ20-3.4-1（西）	4	2500	3	5
	6	2500	2	5
	10	2500	3	6
	12	2500	2	4

由表 10-40 可知，该工程所检桁架双角钢受压腹杆的双向弯曲满足《工业建筑可靠性鉴定标准》（GB 50144—2008）中容许值的要求。

6. 杆件变形检测

对该工程桁架的上、下弦杆件的整体平面内弯曲变形进行检测，抽检数量依据《钢结构现场检测技术标准》（GB/T 50621—2010）中 B 类抽样，抽检数量为上、下弦杆各 4 根，共计杆件 8 根。检测结果见表 10-41。

表 10-41　弦杆整体平面内弯曲变形检测结果

杆件类别	检测位置	杆件长度/mm	检测值/mm	挠跨比
上弦杆	GHJ25-3.4-1（东）	25000	36	1/694
	GHJ25-3.4-1（西）	25000	42	1/595
	GHJ-1（东）	18460	28	1/659
	GHJ-1（西）	18460	32	1/577
下弦杆	GHJ25-3.4-1（东）	25000	48	1/521
	GHJ25-3.4-1（西）	25000	54	1/463
	GHJ-1（东）	18460	30	1/615
	GHJ-1（西）	18460	38	1/486

由表 10-41 可知，该工程所检弦杆的整体平面内弯曲变形满足《钢结构设计规范》（GB 50017—2003）中容许变形值的要求。

7. 构件涂层厚度检测

对该工程钢桁架、钢支架杆件的涂层厚度采用涂层测厚仪进行检测，抽检数量依据《钢结构现场检测技术标准》（GB/T 50621—2010）中 B 类抽样，抽检数量为桁架杆件抽取 80 根，支架杆件抽取 20 根，共计杆件 100 根。检测结果见表 10-42、表 10-43。

表 10-42　桁架杆件涂层厚度检测结果　　　　　　（μm）

杆件类别	检测位置	杆件编号	检测值平均值
上弦杆	GHJ25-3.4-1（东）	—	431
	GHJ25-3.4-1（西）	—	455
	GHJ25-3.4-2（东）	—	448
	GHJ25-3.4-2（西）	—	453
	GHJ25-3.4-3（东）	—	437
	GHJ25-3.4-3（西）	—	445
	GHJ25-3.4-4（东）	—	479
	GHJ25-3.4-4（西）	—	469

续表

杆件类别	检测位置	杆件编号	检测值平均值
上弦杆	GHJ32.5-3.4-1（东）	—	454
	GHJ32.5-3.4-1（西）	—	432
	GHJ32.5-3.4-2（东）	—	459
	GHJ32.5-3.4-2（西）	—	431
	GHJ-1（东）	—	458
	GHJ-1（西）	—	460
	GHJ20-3.4-1（东）	—	454
	GHJ20-3.4-1（西）	—	434
下弦杆	GHJ25-3.4-1（东）	—	443
	GHJ25-3.4-1（西）	—	434
	GHJ25-3.4-2（东）	—	459
	GHJ25-3.4-2（西）	—	428
	GHJ25-3.4-3（东）	—	432
	GHJ25-3.4-3（西）	—	467
	GHJ25-3.4-4（东）	—	436
	GHJ25-3.4-4（西）	—	458
	GHJ32.5-3.4-1（东）	—	439
	GHJ32.5-3.4-1（西）	—	456
	GHJ32.5-3.4-2（东）	—	456
	GHJ32.5-3.4-2（西）	—	439
	GHJ-1（东）	—	439
	GHJ-1（西）	—	467
	GHJ20-3.4-1（东）	—	446
	GHJ20-3.4-1（西）	—	462
腹杆	GHJ25-3.4-1（东）	1	561
		3	518
	GHJ25-3.4-1（西）	4	574
		6	564
	GHJ25-3.4-2（东）	7	546
		8	533
	GHJ25-3.4-2（西）	5	526
		8	526

续表

杆件类别	检测位置	杆件编号	检测值平均值
腹杆	GHJ25-3.4-3（东）	12	539
		14	547
	GHJ25-3.4-3（西）	16	572
		17	540
	GHJ25-3.4-4（东）	2	555
		5	549
	GHJ25-3.4-4（西）	6	578
		8	548
	GHJ32.5-3.4-1（东）	1	549
		4	539
	GHJ32.5-3.4-1（西）	6	563
		7	517
	GHJ32.5-3.4-2（东）	12	546
		15	555
	GHJ32.5-3.4-2（西）	16	540
		17	561
	GHJ-1（东）	3	525
		5	574
	GHJ-1（西）	6	543
		8	547
	GHJ20-3.4-1（东）	3	527
		5	544
	GHJ20-3.4-1（西）	6	559
		8	544
上弦支撑	GHJ25-3.4-1	1	451
		2	486
	GHJ25-3.4-2	4	437
		5	447
	GHJ25-3.4-3	2	426
		5	444
	GHJ25-3.4-4	7	474
		8	452

杆件类别	检测位置	杆件编号	检测值平均值
上弦支撑	GHJ32.5-3.4-1	5	420
		8	448
	GHJ32.5-3.4-2	2	437
		7	436
	GHJ-1	3	427
		8	465
	GHJ20-3.4-1	5	461
		7	452

表 10-43　支架杆件涂层厚度检测结果　　　　　　　　（μm）

杆件类别	检测位置	杆件编号	检测值平均值
支架柱	ZJ-1（东）	—	545
	ZJ-1（西）	—	557
	ZJ-2（东）	—	553
	ZJ-2（西）	—	555
	ZJ-3（东）	—	562
	ZJ-3（西）	—	526
	ZJ-4（东）	—	531
	ZJ-4（西）	—	556
	ZJ-5（东）	—	564
	ZJ-5（西）	—	544
支撑	ZJ-1	—	562
		—	552
	ZJ-2	—	574
		—	526
	ZJ-3	—	568
		—	568
	ZJ-4	—	561
		—	523
	ZJ-5	—	551
		—	564

　　由表 10-42、表 10-43 可知，该工程所检桁架弦杆的涂层厚度在 $431 \sim 479\mu m$ 之间，桁架腹杆的涂层厚度在 $517 \sim 578\mu m$ 之间，桁架上弦支撑杆件的涂层厚度

在 420 ~ 486μm 之间；支架柱的涂层厚度在 531 ~ 564μm 之间，支架支撑杆件的涂层厚度在 523 ~ 574μm 之间。

8. 角焊缝焊脚尺寸检测

根据委托方委托，对该工程桁架节点处角焊缝的焊脚尺寸采用焊接测量尺进行检测，抽检数量根据《钢结构工程施工质量验收规范》（GB 50205—2001）进行抽样，抽检数量为 50 处，检测结果见表 10-44。

表 10-44　角焊缝焊脚尺寸检测结果　　　　　　　　（mm）

杆件类别	检测位置	杆件编号	检测值
上弦支撑	GHJ25-3.4-1	2	6.5
			7.0
	GHJ25-3.4-2	5	8.0
			6.5
	GHJ25-3.4-3	4	8.0
			8.0
	GHJ25-3.4-4	7	6.5
			7.5
	GHJ32.5-3.4-1	8	8.0
			7.0
	GHJ-1	4	6.5
			6.5
	GHJ20-3.4-1	5	7.0
			7.5
	GHJ32.5-3.4-1	7	8.0
			7.0
	GHJ32.5-3.4-2	8	8.0
			6.5
腹板	GHJ25-3.4-1（东）	4	6.5
			7.0
	GHJ25-3.4-1（西）	5	7.5
			8.0
	GHJ25-3.4-2（东）	7	7.5
			6.5
	GHJ25-3.4-2（西）	5	7.0
			7.0

杆件类别	检测位置	杆件编号	检测值
腹板	GHJ25-3.4-3（东）	10	8.0
			6.5
	GHJ25-3.4-3（西）	4	7.0
			7.5
	GHJ25-3.4-4（东）	6	8.0
			6.5
	GHJ25-3.4-4（西）	9	6.5
			7.0
	GHJ32.5-3.4-1（东）	5	8.0
			7.5
	GHJ32.5-3.4-1（西）	8	6.5
			7.0
	GHJ32.5-3.4-2（东）	11	8.0
			8.0
	GHJ32.5-3.4-2（西）	15	7.5
			8.0
	GHJ-1（东）	2	7.5
			6.5
	GHJ-1（西）	5	7.0
			8.0
	GHJ20-3.4-1（东）	6	7.5
			6.5
	GHJ20-3.4-1（西）	8	6.5
			7.0

由表10-44可知，该工程所检构件角焊缝的焊脚尺寸范围在6.5～8.0mm之间。

9. 支架垂直度

对该工程支架柱的垂直度采用全站仪进行检测，抽检数量依据《钢结构现场检测技术标准》（GB/T 50621—2010）中B类抽样，抽检数量为支架柱8根，共计杆件8根。检测结果见表10-45。

表 10-45　支架柱垂直度检测结果　　　　　　　　（mm）

构件名称	检测位置	垂直度偏差检测值	
		偏东（＋）、偏西（-）	偏南（＋）、偏北（-）
支架柱	ZJ-1（西）	—	－12
	ZJ-1（东）	—	25
	ZJ-2（西）	－72	－12
	ZJ-2（东）	—	50
	ZJ-3（西）	－135	—
	ZJ-3（东）	—	－5
	ZJ-5（西）	—	－20
	ZJ-5（东）	—	100

注：带"—"表示支架柱本身在该方向为倾斜构件。

由表 10-45 可知，该工程所检支架柱东西向的垂直度偏差在 －72～－135mm 之间，南北向的垂直度偏差在 －12～100mm 之间。

10. 承载力核算

依据检测结果及国家相关规范标准，采用 PKPM 结构设计软件对该工程进行承载力验算。荷载统计如下：

（1）永久荷载。

设备自重：全长 219.802m，宽度 1m，总重 21068.1kg；物料堆积密度 5kN/m³；通廊地面：3.5kN/m²；通廊屋面：0.5kN/m²；结构自重程序自动计算。

（2）可变荷载。

不上人屋面：0.5kN/m²；积灰荷载：0.5kN/m²；雪荷载：0.35kN/m²。

抗震设防烈度：7 度；设计基本地震加速度：0.15g；设计特征周期：0.35s。

经计算，该工程通廊桁架构件的承载力满足现行规范要求，支架部分杆件的抗力与效应的比值 $R/（\gamma_0 S）$ ＜1.0，根据《工业建筑可靠性鉴定标准》（GB 50144—2008），支架构件的安全性评定等级为 b 级。

11. 安全性鉴定

依据《工业建筑可靠性鉴定标准》（GB 50144—2008），对该工程进行安全性鉴定，安全性鉴定结果见表 10-46。

表 10-46　安全性鉴定结果表

子单元类别		组合项目名称	构件或项目评级	子单元评级		鉴定单元评级
			a～d	A～D		A～D
地基基础		上部结构是否有不均匀沉降裂缝和倾斜	—	B		
通廊承重结构	承重结构构件	承载能力	b	B	B	C
		构造和连接	b			
	结构整体性	结构布置（合理性、完整性）	b	B		
		支撑系统	b			
围护结构		构造连接	—	C		

10.7.5　检测鉴定结论

（1）经普查，该工程构件的主要损伤如图 10-36 所示。

（2）该工程所检构件的截面尺寸见表 10-38、表 10-39。

（3）该工程所检桁架双角钢受压腹杆的双向弯曲缺陷满足《工业建筑可靠性鉴定标准》（GB 50144—2008）容许值的要求。

（4）该工程所检弦杆的整体平面内弯曲变形满足《钢结构设计规范》（GB 50017—2003）中容许变形值的要求。

（5）该工程所检桁架弦杆的涂层厚度在 431～479μm 之间，桁架腹杆的涂层厚度在 517～578μm 之间，桁架上弦支撑杆件的涂层厚度在 420～486μm 之间；支架柱的涂层厚度在 531～564μm 之间，支架支撑杆件的涂层厚度在 523～574μm 之间。

（6）该工程所检构件角焊缝的焊脚尺寸在 6.5～8.0 之间。

（7）该工程所检支架柱东西向的垂直度偏差在 −72～−135mm 之间，南北向的垂直度偏差在 −12～100mm 之间。

（8）经计算，该工程通廊桁架构件的承载力满足现行规范要求，支架部分杆件的抗力与效应的比值 $R/\gamma_0 S < 1.0$，根据《工业建筑可靠性鉴定标准》（GB 50144—2008），支架构件的安全性评定等级为 b 级。

综上所述，根据《工业建筑可靠性鉴定标准》（GB 50144—2008），该建筑的安全性等级评定为 C 级，建议对工程上部通廊维护结构进行修复处理并可靠连接。同时为减少荷载，建议对通廊内部构件上的积灰及地面的物料残余进行清理。

10.8　某公司冲压车间鉴定实例

10.8.1　工程概况

　　某冲压车间为单层两跨钢排架结构厂房，建于 2009 年，建筑平面呈矩形，总长度为192m，总宽度为66m，如图 10-37 所示。钢排架柱柱顶标高为18.6m，室内外高差为0.9m，主体建筑檐口高度为21.3m。设计基础采用预应力混凝土管桩、柱下独立钢筋混凝土承台基础，屋盖采用梯形钢屋架轻质复合板结构。

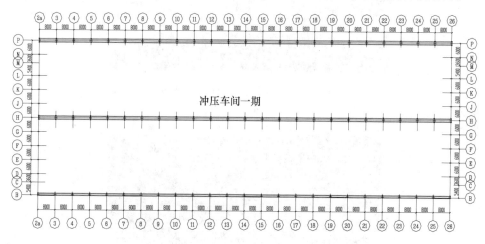

图 10-37　某钢结构厂房平面布置图

10.8.2　现场查勘与检测

　　1. 概述

　　根据《高耸与复杂钢结构检测与鉴定标准》（GB 51008—2016），钢结构厂房可靠性鉴定可分为现场查勘和检测鉴定两个阶段。

　　2. 现场查勘

　　（1）由于该建筑投入使用年限较短，使用过程中地基及基础未出现异常情况，故未对其基础进行开挖检查。经直观检查，未发现该建筑存在因地基及基础出现较大或不均匀沉降变形而引起的上部结构明显开裂、变形等损坏现象。

　　（2）经对该建筑排架柱及抗风柱进行检查，尚未发现该建筑可查勘区域内排架柱、抗风柱构件存在明显扭曲变形、锈蚀及焊缝撕裂等结构性损坏现象。

　　（3）经对该建筑吊车梁构件进行检查，吊车梁构件截面及结构设置基本符合原设计要求，除个别吊车梁构件底部连接板涂层脱落及部分吊车梁连接螺栓缺失或未拧紧外，其余吊车梁构件未出现变形、螺栓缺失（图 10-38 和图 10-39）、锈蚀等损坏现象。

图 10-38　吊车梁连接处螺栓未拧紧

图 10-39　屋架上弦垂直支撑连接螺栓缺失

（4）经对该建筑屋盖结构进行检查，建筑梯形钢屋架杆件截面及结构设置均基本符合原设计要求，未发现梯形钢屋架构件存在明显侧倾、扭曲等变形现象，亦未发现存在明显锈蚀现象。该建筑屋面混凝土轻质复合板设置基本符合原设计要求，屋面板构件与钢屋架上弦连接牢固可靠，未发现屋面板构件存在明显变形、渗漏等损坏现象。

（5）经对该建筑支撑及构造进行检查，建筑柱间支撑构件截面及结构设置基本符合原设计要求，除部分柱间支撑连接焊缝存在垫板设置不规范等缺陷、抗风柱柱间水平系杆缺失外，未发现其余柱间支撑构件存在明显变形、锈蚀等损坏现象；该建筑屋盖支撑及通长水平系杆构件截面及结构设置基本符合原设计要求，除个别屋架下弦水平系杆侧向弯曲变形及个别屋架上弦处垂直支撑与屋架连接螺栓缺失外，其余屋盖支撑及系杆构件未出现松弛变形、螺栓缺失、锈蚀等损坏现象。

（6）经对该建筑围护结构进行检查，墙体檩条构件截面及结构设置均基本符合原设计要求，未发现檩条构件存在侧倾、扭曲等明显变形及明显锈蚀现象。

3. 现场结构构件检测

（1）采用钢卷尺、游标卡尺及超声波测厚仪对该建筑排架柱或抗风柱构件的截面尺寸，腹板、翼缘、缀条及钢屋架角钢杆件的钢板厚度进行抽样检测，检测结果表明：所抽测上述结构构件的截面尺寸及厚度基本满足原设计及相关施工质量验收规范要求。

（2）采用洛氏硬度仪对该建筑 6 根排架柱构件的钢材里氏硬度值进行抽样检测，检测结果表明：所抽测上述 6 根排架柱构件的钢材强度基本满足 Q235B 级的要求。

（3）采用金属超声波探伤仪对该建筑部分排架柱构件现场随机抽取 6 条对接焊缝进行探伤检测，探伤检测结果表明：所抽测的 6 条对接焊缝内部质量均符合国家相关规范二级焊缝质量等级要求。

（4）由于原设计中未对构件涂层总厚度作出相关要求，依据《钢结构工程施工质量验收规范》（GB 50205—2001）规定，当设计无要求时，室内防腐涂层厚度为 $125\mu m$，允许偏差 $-25\mu m$。根据《高耸与复杂钢结构检测与鉴定标准》（GB 51008—2016）5.3 节的规定，采用涂层测厚仪对该建筑 8 根排架柱及 2 根抗风柱构件的防腐涂层总厚度进行测量，每个构件位置各测试 5 个数值，并取其平均值。检测结果表明：所抽测刚架柱构件的防腐涂层厚度均满足相关施工质量验收规范要求。

（5）采用 3D 扫描仪随机抽取 8 根排架柱构件的柱顶及中部两个方向的偏斜位移情况进行检测。检测结果表明：所测排架柱构件柱顶最大纵向位移值为 61mm（Ⓗ～㉓轴，向西），其偏斜率为 4.6‰；所测排架柱构件顶最大横向位移值为 22mm（Ⓑ～㉓轴，向南），其偏斜率为 1.7‰。其中 7 根排架柱构件一个或两个方向位移值均超出《高耸与复杂钢结构检测与鉴定标准》（GB 51008—2016）表 8.4.6 中有吊车厂房横向位移 $H_T/1250$ 及厂房柱纵向位移 $H/4000$ 的规定。如图 10-40 和图 10-41 所示。

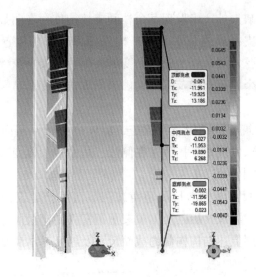

图 10-40　Ⓗ~㉓轴排架柱构件纵向位移

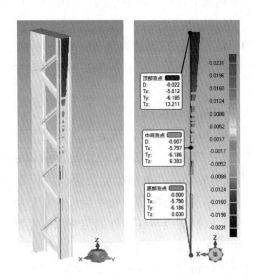

图 10-41　Ⓑ~㉓轴排架柱构件横向位移

（6）采用 3D 扫描仪对 6 榀钢屋架构件的竖向挠度情况进行检测，检测结果表明：所测钢屋架的跨中最大挠度值为 36mm（⑦~Ⓗ~Ⓟ 轴，向上）。所有钢屋架构件挠度均满足《高耸与复杂钢结构检测与鉴定标准》（GB 51008—2016）5.5.2 条的规定，且根据设计要求，钢屋架起拱度为 $L/500$（66mm）（图 10-42）。

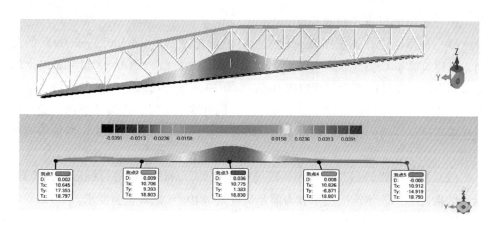

图 10-42　⑦~Ⓗ~Ⓟ轴钢屋架竖向挠度情况

10.8.3　复核验算

1. 竖向承载力验算

根据原施工图的设计参数，结合相关现场检测结果，采用 3D3S 计算软件对该建筑建立整体结构模型进行结构承载力复核验算，如图 10-43 所示。验算结果表明：该建筑排架结构构件的强度、稳定应力比、长细比等均满足现行相关技术规范要求。

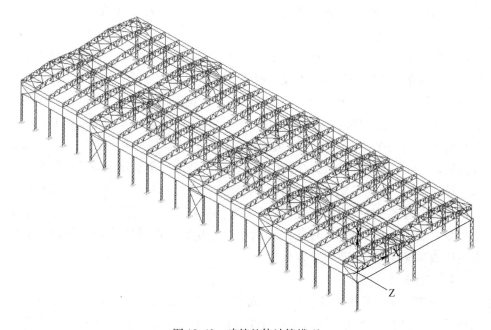

图 10-43　建筑整体计算模型

2. 抗震措施核查及抗震验算

（1）根据原设计施工图及《建筑抗震鉴定标准》（GB 50023—2009）的总则，该建筑属于 C 类建筑，应按照《建筑抗震设计规范》（GB 50011—2010）的要求和丙类抗震设防烈度 7 度（0.10g）对该建筑进行抗震措施核查。核查结果表明：该建筑主体结构平面布置规则对称；钢材牌号等级、连接节点的焊缝及螺栓连接作法、柱脚的锚固作法、支撑系统及围护结构设置均满足规定的抗震措施要求。

（2）根据原设计施工图和相关现场检测结果，对该建筑进行抗震复核验算。验算结果表明：该建筑抗震承载力满足 7 度（0.10g）抗震设防要求。

10.8.4 鉴定分析

1. 评定标准

根据《高耸与复杂钢结构检测与鉴定标准》（GB 57008—2016），钢结构可靠性鉴定应按安全性、适用性和耐久性分别鉴定。厂房钢结构的可靠性应按承重结构、支撑系统、吊车梁系统分别进行鉴定。

2. 地基基础

经现场检查，未发现该建筑因地基及基础出现较大沉降或不均匀沉降变形而引起的上部结构明显损坏情况，地基基础在现使用条件下承载状况正常。地基基础的安全性、适用性和耐久性等级分别评定为 A_u 级、A_s 级及 A_d 级。

3. 上部承重结构

该建筑的上部承重结构整体性布置合理，形成完整的体系，传力路径基本明确，其结构布置和构造基本与原设计相符，基本符合国家现行标准规范的规定，其结构整体性的安全等级评定为 B_u 级。经对该建筑进行计算分析，结果表明：上部承重结构各钢构件的强度、稳定应力比、长细比等均基本满足规范要求，故其结构承载安全性等级评定为 B_u 级。除存在部分排架柱构件柱顶位移值均超出规范规定，部分排架柱及抗风柱局部涂层脱落、锈蚀，个别排架柱翼缘局部轻微弯曲等现象外，该建筑上部承重结构构件整体外观质量基本良好，且所抽测钢屋架构件的竖向挠度均符合国家现行标准规范的规定。综上所述，该建筑上部承重结构安全性、适用性和耐久性等级分别评定为 B_u 级、B_s 级及 A_d 级，同时应对存在上述损坏现象的构件进行修复处理。

4. 支撑系统

该建筑的支撑系统布置合理，形成完整的支撑体系；除存在部分连接焊缝垫板设置不规范、个别系杆缺失及弯曲变形、个别屋架支撑连接螺栓缺失等损坏现象外，其余支撑系统构件外观质量基本完好，其结构整体性的安全等级评

定为 B_u 级。经对该建筑进行计算分析，结果表明：支撑系统各钢构件的强度、稳定应力比、长细比等均基本满足规范要求，故其结构承载能力的安全性等级评定为 A_u 级。综上所述，该建筑支撑系统安全性、适用性和耐久性等级分别评定为 B_u 级、B_s 级及 A_d 级，同时应对存在上述损坏现象的构件进行修复处理。

5. 吊车梁系统

该建筑吊车梁选型基本合理，制动系统及辅助系统布置基本恰当；除个别吊车梁构件底部连接板涂层脱落及部分吊车梁连接螺栓缺失或未拧紧外，其余吊车梁构件未出现变形、螺栓缺失、锈蚀等损坏现象。其结构整体性的安全等级评定为 B_u 级。经对吊车梁结构系统进行计算分析，计算结果均满足规范要求，故其结构承载能力的安全性等级评定为 A_u 级。综上所述，该建筑吊车梁系统安全性、适用性和耐久性等级分别评定为 B_u 级、B_s 级及 A_d 级，同时应对存在上述损坏现象的构件进行修复处理。

6. 围护结构

经现场检查，该建筑的围护系统尚未出现明显影响结构安全和正常使用的变形或损坏现象，连接构造基本符合国家现行标准规范要求。围护结构的安全性、适用性和耐久性等级分别评定为 A_u 级、A_s 级及 A_d 级。

10.8.5　可靠性鉴定评级结果

该建筑结构系统地基基础及围护结构的安全性、适用性和耐久性等级分别评定为 A_u 级、A_s 级及 A_d 级，即地基基础及围护结构符合国家现行标准规范的可靠性要求，不影响整体安全性及正常使用。该建筑厂房钢结构各系统的安全性、适用性和耐久性等级分别评定为 B_u 级、B_s 级及 A_d 级，即厂房钢结构略低于国家现行标准规范的可靠性要求，仍能满足结构可靠性的下限水平要求，尚不明显影响整体安全，在目标使用年限内不影响或尚不明显影响整体正常使用，但应对极少数存在损坏及缺陷现象的构件或部位采取修复措施。

10.9　某公司储煤库和煤棚区鉴定实例

10.9.1　工程概况

储煤库一建于 2017 年 8 月，由某公司设计，厂房长 65m，宽 38m。基础采用独立柱基，基础混凝土强度等级为 C30。柱采用 H 型钢，柱距 6.5m，梁采用桁架梁，跨度为38m。屋面为檩条+彩钢板（阳光板），建筑总高度19.55m。其外景如图10-44所示，内景如图10-45所示。

图 10-44　储煤库一外景

图 10-45　储煤库一内景

储煤库二建于2018年4月，由某公司设计，厂房长57.5m，宽45m。基础采用独立柱基，基础混凝土强度等级为C30。柱采用 $\phi 478 \times 10.0$ 圆管，柱距6.5m，梁采用桁架梁，跨度为45m。屋面为檩条+彩钢板（阳光板），建筑总高度21.26m。其外景如图10-46所示，内景如图10-47所示。

图 10-46　储煤库二外景

图 10-47　储煤库二内景

煤棚区建于2017年，由某公司设计，分为一号煤棚和二号煤棚。一号煤棚长32.5m，宽31.4m。基础采用独立柱基，基础混凝土强度等级为C30。柱采用 $\phi 215 \times 5.0$ 圆管，柱距6.5m。梁采用桁架梁，跨度为31.4m。屋面为檩条+彩钢板（阳光板），建筑总高度14.0m。二号煤棚长32.5m，宽25.15m。基础采用独立柱基，基础混凝土强度等级为C30。柱采用 $\phi 215 \times 5.0$ 圆管，柱距6.5m。梁采用桁架梁，跨度为25.15m。屋面为檩条+彩钢板（阳光板），建筑总高度14.0m。其外景如图10-48所示，内景如图10-49所示。

图 10-48 煤棚区外景

图 10-49 煤棚区内景

10.9.2 检测原因及目的

由于环保要求，于 2017 年 8 月完成了储煤库一及煤棚区的改造，于 2018 年 4 月完成了储煤库二的改造。储煤库一、储煤库二和煤棚区均为钢拱架钢架结构。由于三幢钢结构厂房的跨度较大，业主对厂房的现状质量情况不太了解，为保证厂房的安全使用，特委托对储煤库一、储煤库二和煤棚区主体结构现状质量进行检测。

10.9.3 检测鉴定依据

（1）《建筑结构检测技术标准》（GB/T 50344）。

（2）《钢结构现场检测技术标准》（GB/T 50621—2010）。

（3）《钢结构工程施工质量验收规范》（GB 50205—2001）。

（4）《钢结构检测评定及加固技术规程》（YB 9257—1996）。

（5）《门式刚架轻型房屋钢结构技术规范》（GB 51022—2015）。

（6）《建筑结构荷载规范》（GB 50009—2012）。

（7）《空间网格结构技术规范》（JGJ 7—2010）。

（8）《钢结构设计规范》（GB 50017—2003）。

（9）其他必要的标准、规范、图集、计算软件。

10.9.4 检测鉴定原则

鉴于本次检测项目业已建成，其部分原材性能（如型钢、钢筋及部分隐蔽混凝土等）抽测受限，因此本次质量评价工作，立足现行标准规范，参照原建筑设计图纸及现有施工资料状况，根据现状实际情况随机进行抽检、测试，以客观揭示建（构）筑物现状情况。

10.9.5　检测鉴定工作内容

（1）现场检查包括：①对煤棚结构布置、墙架布置及支撑布置进行调查检查，同步对构件尺寸、构造连接等进行核查，检查其是否满足设计要求；②屋盖系统：检查构件外观是否整齐、是否变形及涂层是否存在脱落和锈蚀及连接节点（包括连接件和连接焊缝）是否有明显损伤和缺陷等；③对屋架、檩条、屋面梁应检查杆件截面平面内、外变形，局部凹凸范围、最大凹凸量以及板件锈蚀程度等，对节点应检查节点偏心、焊接缺陷以及有无脱焊、断裂。④基于现状情况，对钢构件的表面涂装工程进行表观检查。

（2）围护结构：除查阅相关图纸资料外，现场核实围护结构系统的布置，调查围护构件及其构造连接的实际状况、对主体结构的不利影响，以及围护系统的使用功能、老化损伤、破坏失效等情况。

1. 储煤库一

（1）设计资料调查

①结构安全等级为二级；建筑设防烈度为6度，基本地震加速度值为0.05g，设计地震分组为第一组。

②基本荷载（kN/m^2）：基本风压（地面粗糙度）为0.35（B），屋面恒荷载为0.30，屋面活荷载为0.30。

③材料：除注明外，钢号为Q235B的钢材。

未特殊注明的构件混凝土强度等级均为C30。

钢筋使用HPB235及HRB335级钢筋。

④柱：两侧边柱Ⓐ轴12根，Ⓒ轴12根，边柱为$\phi426\times8.0$圆管；中柱Ⓑ轴12根，中柱为$\phi426\times8.0$圆管，柱距6.5m，①轴、⑪轴有两根抗风柱，抗风柱为$\phi426\times8.0$圆管。

⑤桁架梁：①~⑪轴共布置2×11榀弧形桁架梁，跨度为38m，上弦杆为$2\times\phi108\times4$钢管，下弦杆为$\phi108\times4$钢管，腹杆均为48×3.0。桁架上弦宽度为600mm，高度1000mm，拉杆为$\phi20$圆钢。

Ⓐ、Ⓑ、Ⓒ轴柱顶各设一根沿长度方向的GHL-1，GHL-1为桁架结构，上、下弦杆及腹杆竖向支撑均为$L100\times80\times7$，腹杆斜撑为$L70\times5.0$，宽度600mm、高度1200mm。

⑥屋面采用檩条+水平支撑+系杆+彩钢板（阳光板）。檩条LT采用冷弯薄壁C型钢$C140\times50\times20\times2.0$。SC采用$\phi20$，拉条及斜拉条均采用$\phi12$圆钢。XG为$\phi114\times3.0$圆管。

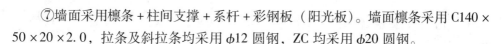
⑦墙面采用檩条 + 柱间支撑 + 系杆 + 彩钢板（阳光板）。墙面檩条采用 C140 × 50 × 20 × 2.0，拉条及斜拉条均采用 φ12 圆钢，ZC 均采用 φ20 圆钢。

⑧除锈与涂装：

除锈标准：喷除锈时为 Sa2.5 级，人工除锈时为 St3 级。

油漆标准：钢结构底漆、面漆各一道，漆膜总厚度大于或等于 50μm。

防火涂料按甲方要求来执行，暂不考虑。

（2）现场检查

桁架结构布置核查：

①图纸显示，柱：两侧边柱Ⓐ轴 12 根，Ⓒ轴 12 根，边柱为 φ426 × 8.0 圆管；中柱Ⓑ轴 12 根，中柱为 φ426 × 8.0 圆管，柱距 6.5m，①轴、⑪轴有 2 根抗风柱，抗风柱为 φ426 × 8.0 圆管。与图纸相符。

现场检查发现，中柱只有 3 根，柱截面与图纸相符，其余利用了原输煤栈桥的钢桁架支撑 4 个，原输煤栈桥的钢桁架支撑变形及锈蚀特别严重。

②图纸显示，桁架梁：①～⑪轴共布置 2×11 榀弧形桁架梁。跨度为 38m。上弦杆为 2 × φ108 × 4 钢管，下弦杆为 φ108 × 4 钢管，腹杆均为 48 × 3.0。桁架上弦宽度为 600mm，高度 1000mm，拉杆 φ20 圆钢。现场实测值与图纸不符，现场测量可知，桁架上弦杆 φ114 × 3.5，下弦杆为 φ114 × 3.5，腹杆为 φ76 × 3.5，上弦宽 400mm、高 1380mm。

Ⓑ、Ⓒ轴柱顶各设一根沿长度方向的 GHL-1，GHL-1 为桁架结构，上、下弦杆及腹杆竖向支撑均为 L100 × 80 × 7，腹杆斜撑为 L70 × 5.0，宽度 600mm、高度 1200mm。

现场检查发现，Ⓐ、Ⓒ轴柱顶未设一根沿长度方向的 GHL-1，Ⓑ轴原输煤栈桥的钢桁架支撑上设置了 GHL-1，与图纸严重不符。

③图纸显示，屋面采用檩条 + 水平支撑 + 系杆 + 彩钢板（阳光板），檩条 LT 采用冷弯薄壁 C 型钢 C140 × 50 × 20 × 2.0，SC 采用 φ20，拉条及斜拉条均采用 φ12 圆钢，XG 为 φ114 × 3.0 圆管。

现场检查发现，屋面系统只有 C 型钢，没有图纸上标注的 LT、SC、XG 等，与图纸严重不符。

④图纸显示，墙面采用檩条 + 柱间支撑 + 系杆 + 彩钢板（阳光板）。墙面檩条采用 C140 × 50 × 20 × 2.0，拉条及斜拉条均采用 φ12 圆钢，ZC 均采用 φ20 圆钢。现场检查发现，墙面系统没有图纸上标注的拉条、斜拉条及柱间支撑等，与图纸严重不符。

现场普查：

①杆件表观：整体表观一般，杆件有明显锈蚀，但无裂纹、折叠、夹层等；

经打磨后可见明显分层。焊缝表观一般，多见焊瘤，局部有漏焊现象，具体缺陷如图 10-50 ~ 图 10-54 所示。

  图 10-50 节点漏焊现象（1）   图 10-51 节点漏焊现象（2）

  图 10-52 节点焊瘤现象（1）   图 10-53 节点焊瘤现象（2）

图 10-54 节点焊瘤现象（3）

②涂层表观：整体表面较差，覆盖不均匀；部分存在涂层皱皮、流坠、针眼等现象。具体缺陷如图 10-55 所示。

图 10-55　涂层脱落现象

③中间角钢组合格构柱根部杆件发生明显弯折，具体缺陷如图 10-56 所示。

图 10-56　构件弯折现象

④钢拱架支座处下弦杆支撑在竖向短钢管顶，竖向短钢管支撑于托换桁架下弦杆中部，具体缺陷如图 10-57 所示。

图 10-57　管支撑于托换桁架下弦杆中部现象

⑤托换桁架端部采用斜向钢管予以支撑，斜向钢管与托换桁架连接处锈蚀明显。

⑥桁架端部抗风柱采用双抱 C 型钢与桁架上弦杆、腹杆焊接连接。

（3）钢构件厚度检测

依据《钢结构现场检测技术标准》（GB/T 50621—2010），在清除表面油气层、氧化皮、锈蚀等，并打磨至露出金属光泽后，采用游标卡尺及超声测厚仪对型钢结构杆件厚度进行检测，检测结果见表 10-47。

表 10-47　桁架钢材厚度测量结果　　　　　　　　　　（mm）

截面尺寸	测试位置	测试值			厚度代表值
φ108 （φ108×4）	上弦杆	3.52	3.58	3.56	3.55
		3.55	3.51	3.54	3.53
		3.55	3.53	3.59	3.56
	下弦杆	3.69	3.59	3.55	3.61
		3.53	3.56	3.56	3.55
		3.53	3.55	3.60	3.56
φ48 （φ48×3）	腹杆	2.71	2.67	2.68	2.69
		2.75	2.78	2.71	2.75
		2.73	2.87	2.82	2.81
φ426 （φ426×8.0）	钢柱	7.95	7.93	8.05	7.98
		8.06	7.94	7.90	7.97
		8.02	7.94	8.01	7.99

注：表中 φ108 为实测值，括号中数值为设计尺寸。

由表 10-47 可知，储煤库一钢拱架实测上弦杆、下弦杆及腹杆直径与图纸相符，实测杆件壁厚偏小，与图纸不符。

（4）构件涂层厚度测量

依据《钢结构现场检测技术标准》（GB/T 50621—2010），对原煤棚钢构件涂层干漆膜总厚度进行检测，每个构件检测 5 处，测量结果见表 10-48。

表 10-48　桁架涂层厚度测量结果

直径/mm	测试位置	测点涂层厚度平均值/μm				
空间结构杆件 φ108×4	上弦杆	175	108	410	166	235
		374	116	140	142	125
		208	625	125	105	63

直径/mm	测试位置	测点涂层厚度平均值/μm				
空间结构杆件 φ108×4	下弦杆	45	63	795	585	316
		62	78	129	66	78
		126	65	24	65	108
空间结构杆件 φ48×3	腹杆	0	0	178	374	21
		210	3	208	625	160
		63	24	212	185	74
φ426	钢柱	218	145	232	99	135
		111	124	97	98	74
		95	94	81	99	159

由表 10-48 可知，储煤库一钢拱架现状涂层厚度不均匀，偏差较大，部分杆件涂层厚度不满足设计要求。

（5）基础混凝土现龄期抗压强度检测

取样原则：结合本工程实际情况，根据《建筑结构检测技术标准》（GB/T 50344—2004）和《混凝土结构现场检测技术标准》（GB/T 50784—2013）确定本次抽检芯样数量及规格，最终确定芯样规格为直径 75mm。

根据《钻芯法检测混凝土强度技术规程》（JGJ/T 384—2016）的相关规定，芯样经切割加工、自然干燥后，进行室内无侧限抗压试验，提出芯样抗压强度，测量结果见表 10-49。

表 10-49　基础混凝土构件现龄期混凝土芯样抗压强度结果

芯样编号	取芯位置	直径×高/（mm×mm）	受压面积/mm²	破坏荷载值/kN	抗压强度/MPa	备注
1	基础	75.0×75	4418	132.5	30.0	
2		75.0×75	4418	167.5	37.9	
3		75.0×75	4418	202.5	45.8	
4		75.0×75	4418	127.5	28.9	$n=6$
5		75.0×75	4418	237.5	53.8	$m=38.4\text{MPa}$
6		75.0×75	4418	175	39.6	
7		75.0×75	4418	135	30.6	
8		75.0×75	4418	177.5	40.2	

根据《混凝土结构现场检测技术标准》（GB/T 50784—2013）可知，基础混凝土芯样现龄期强度离散性较大，不满足标准批量评定的要求，应按单个构件混凝土强度评定。

根据《钻芯法检测混凝土强度技术规程》（JGJ/T 384—2016）第6.3.4条可知，单个构件的混凝土强度推定值不再进行数据的舍弃，而应按有效芯样试件混凝土抗压强度值中的最小值确定。结合各芯样抗压强度值，储煤库一基础混凝土现龄期抗压强度最小值为28.9MPa，平均值为38.4MPa。

（6）现状质量分析评价

由储煤库一现状检查及检测结果可知，某公司储煤库一现状质量一般，钢拱架部分杆件有明显锈蚀，钢拱架与托换桁架之间的连接不尽合理，煤棚现状布置及杆件截面与图纸有一定出入［详见10.9.5中1.（2）节］，其余尚未见有明显缺陷出现。

据调查了解可知，为了满足环境治理的要求，某公司才着手实施煤棚的建造工作，多数煤棚的建造工作由钢结构制作安装施工队伍依据设计单位提供的初步设计图纸完成，施工期间各项监督工作并不完善，施工中遇到的问题也未及时与设计方沟通进行变更，故煤棚的实际质量及安全储备主要由施工水平控制。经现场检测检查发现部分缺陷，需要原设计单位进行核查，必要时出具处理方案，施工单位依据该方案对煤棚进行整改。

（7）结果与建议

检测结果：

①储煤库一部分杆件截面尺寸与原设计要求有一定出入。

②储煤库一杆件涂层厚度不均匀，部分杆件涂层厚度与图纸要求有一定出入。

③储煤库一基础混凝土现龄期抗压强度与原设计要求基本相符。

建议：

①根据核查结果，建议原设计单位进行计算复核。

②柱间未设柱间支撑，柱顶无刚性系杆，建议原设计单位进行复核。

③桁架局部腹杆焊接不完全，有焊瘤，建议对其进行补焊处理。

④檩条未设置檩托与桁架进行连接，建议增设檩托。

⑤桁架杆件锈蚀明显，建议除锈涂装处理。

⑥钢拱架与托换桁架连接节点设置不合理，建议原设计单位进行专项处理。

2. 储煤库二

（1）设计资料调查

①结构安全等级为二级；建筑设防烈度为6度，基本地震加速度值为0.05g，设计地震分组为第一组。

②基本荷载（kN/m²）：基本风压（地面粗糙度）为0.35（B），屋面恒荷载为0.30，屋面活荷载为0.30。

③材料：除注明外，钢号为Q235B的钢材。

未特殊注明的构件混凝土强度等级均为C30。

钢筋使用 HPB235 及 HRB335 级钢筋。

④柱：两侧边柱Ⓐ轴 10 根，Ⓕ轴 10 根，边柱为 $\phi478 \times 10.0$ 圆管，柱距 6.5m，⑩轴有 8 根抗风柱，抗风柱为 $\phi325 \times 8.0$ 圆管。

⑤桁架梁：①～⑩轴共布置 10 榀弧形桁架梁。跨度为 45m。除②轴桁架梁外，其余轴线的桁架梁上弦杆为 $2 \times \phi140 \times 6$ 钢管，下弦杆为 $\phi140 \times 6$ 钢管，腹杆均为 $\phi114 \times 4$，桁架上弦宽度为 600mm，高度为 1500mm，拉杆为 $\phi25$ 圆钢。②轴桁架梁上弦杆为 $2 \times \phi140 \times 6$ 钢管，下弦杆为 $2 \times \phi140 \times 6$ 钢管，腹杆均为 $\phi114 \times 4$，桁架上弦宽度为 600mm、高度为 1500mm，拉杆为 $\phi25$ 圆钢。

⑥屋面采用檩条＋水平支撑＋系杆＋彩钢板（阳光板）。檩条 LT 采用冷弯薄壁 C 型钢 C180×70×20×2.0。SC 采用 $\phi25$ 圆钢，拉条及斜拉条均采用 $\phi12$ 圆钢。XG-1、XG-2 为桁架结构，上下弦及腹杆均为 $\phi50 \times 3.0$ 圆管。

⑦墙面采用檩条＋柱间支撑＋系杆＋彩钢板（阳光板）。墙面檩条采用冷弯薄壁 C 型钢 C180×70×20×2.0，ZC 均采用 $\phi25$ 圆钢，柱间系杆采用 $\phi114 \times 4$。

⑧除锈与涂装：

除锈标准：喷除锈时为 Sa2.5 级，人工除锈时为 St3 级。

油漆标准：钢结构底漆、面漆各一道，漆膜总厚度大于或等于 $50\mu m$。

防火涂料按甲方要求来执行，暂不考虑。

（2）现场检查

桁架结构布置核查：

①图纸显示，柱：两侧边柱Ⓐ轴 10 根，Ⓕ轴 10 根，边柱为 $\phi478 \times 10.0$ 圆管，柱距 6.5m，⑩轴有 8 根抗风柱，抗风柱为 $\phi325 \times 8.0$ 圆管。现场检查结果：⑩轴有 4 根抗风柱，与图纸不符。

②图纸显示，桁架梁：①～⑩轴共布置 10 榀弧形桁架梁。跨度为 45m。除②轴桁架梁外，其余轴线的桁架梁上弦杆为 $2 \times \phi140 \times 6$ 钢管，下弦杆为 $\phi140 \times 6$ 钢管，腹杆均为 $\phi114 \times 4$，桁架上弦宽度为 600mm、高度 1500mm，拉杆为 $\phi25$ 圆钢。②轴桁架梁上弦杆为 $2 \times \phi140 \times 6$ 钢管，下弦杆为 $2 \times \phi140 \times 6$ 钢管，腹杆均为 $\phi114 \times 4$，桁架上弦宽度为 600mm、高度 1500mm，拉杆为 $\phi25$ 圆钢。现场实测值与图纸不符，现场测量可知，桁架上弦杆为 $\phi108 \times 3.5$，下弦杆为 $\phi108 \times 3.5$，腹杆为 $\phi48 \times 2.5$，上弦宽 500mm、高 940mm。

③图纸显示，屋面采用檩条＋水平支撑＋系杆＋彩钢板（阳光板）。檩条 LT 采用冷弯薄壁 C 型钢 C180×70×20×2.0。SC 采用 $\phi25$ 圆钢，拉条及斜拉条均采用 $\phi12$ 圆钢。XG-1、XG-2 均为桁架结构，上下弦及腹杆均为 $\phi50 \times 3.0$ 圆管。现场检查发现：屋面系统只有 C 型钢 C180×70×20×2.0，没有图纸上标注的 LT、SC、XG 等，与图纸严重不符。

④图纸显示，墙面采用檩条 + 柱间支撑 + 系杆 + 彩钢板（阳光板）。墙面檩条采用冷弯薄壁 C 型钢 C180 ×70 ×20 ×2.0，ZC 均采用 ϕ25 圆钢，柱间系杆采用 ϕ114 ×4。

现场检查发现：除Ⓐ/⑨ ~ ⑩、Ⓕ/⑨ ~ ⑩轴墙面有柱间支撑外，墙面系统没有图纸上标注的拉条、斜拉条及柱间系杆等，与图纸严重不符。

桁架结构普查：

①杆件表观：整体表观一般，杆件有明显锈蚀，但无裂纹、折叠、夹层等；经打磨后可见明显分层。焊缝表观一般，多见焊瘤，局部有漏焊现象，具体缺陷如图 10-58 ~ 图 10-63 所示。

图 10-58　节点漏焊现象（1）

图 10-59　节点漏焊现象（2）

图 10-60　节点漏焊现象（3）

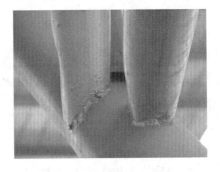

图 10-61　节点焊瘤现象（1）

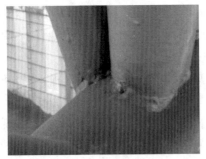

图 10-62　节点焊瘤现象（2）

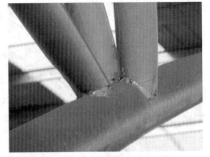

图 10-63　节点漏焊、焊瘤现象

②涂层表观：整体表面较差，覆盖不均匀；部分存在涂层皱皮、流坠、针眼等现象。

③桁架腹杆端部多见"扁状"的现象，与上、下弦杆围焊连接，具体缺陷如图 10-64 和图 10-65 所示。

图 10-64　杆件"扁状"现象（1）

图 10-65　杆件"扁状"现象（2）

④个别钢拱架端部下弦杆与柱连接时有明显偏心，具体缺陷如图 10-66 和图 10-67 所示。

图 10-66　杆件偏心现象（1）

图 10-67　杆件偏心现象（2）

⑤个别钢拱架端部下弦杆锈蚀明显，且有些许弯折。

⑥钢拱架腹杆与上、下弦杆连接处多有锈蚀迹象。

（3）钢结构杆件钢板厚度测量

依据《钢结构现场检测技术标准》（GB/T 50621—2010），在清除表面油气层、氧化皮、锈蚀等，并打磨至露出金属光泽后，采用游标卡尺及超声测厚仪对杆件进行检测，检测结果见表 10-50。

表 10-50 桁架杆件钢材厚度测量结果　　　　　　　　（mm）

截面尺寸	测试位置	测试值			厚度代表值
φ114 （φ140×6）	上弦杆	3.83	3.87	3.82	3.84
		3.81	3.86	3.87	3.85
	下弦杆	3.81	3.79	3.85	3.82
		3.87	3.89	3.88	3.88
	上弦杆	3.92	4.00	3.84	3.92
	下弦杆	3.88	3.77	3.84	3.83
φ76 （φ114×4）	腹杆	3.71	3.75	3.75	3.74
		3.80	3.79	3.69	3.76
		3.56	3.61	3.64	3.60
φ478 （φ478×10）	钢柱	6.54	6.54	6.52	6.53
		6.55	6.53	6.50	6.53
		6.50	6.54	6.55	6.53

注：表中 φ114 为实测值，括号中数值为设计尺寸，其余类似。

由表 10-50 可知，储煤库二钢拱架上弦杆、下弦杆及腹杆实测直径及壁厚和钢柱壁厚与图纸不符。

（4）钢结构构件涂层厚度测量

依据《钢结构现场检测技术标准》（GB/T 50621—2010），对原煤棚钢构件涂层干漆膜总厚度进行检测，每个构件检测 5 处，测量结果见表 10-51。

表 10-51 钢材涂层厚度测量结果

直径/mm	测试位置	测点涂层厚度平均值/μm				
空间结构杆件 φ114	上弦杆	29	55	146	130	48
		162	116	300	77	106
		210	20	424	128	100
	下弦杆	3	181	126	57	55
		2	47	26	14	0
		156	36	1	18	55
空间结构杆件 φ76	腹杆	56	228	75	42	111
		76	25	111	0	48
		14	206	20	164	100
φ478	钢柱	38	4	37	1	34
		21	59	68	110	118
		22	38	44	4	26

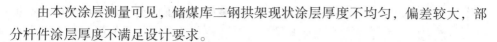

由本次涂层测量可见，储煤库二钢拱架现状涂层厚度不均匀，偏差较大，部分杆件涂层厚度不满足设计要求。

（5）基础混凝土现龄期抗压强度检测

取样原则：结合本工程实际情况，根据《建筑结构检测技术标准》（GB/T 50344）和《混凝土结构现场检测技术标准》（GB/T 50784—2013）确定本次抽检芯样数量及规格，最终确定芯样规格为直径 75mm。

根据《钻芯法检测混凝土强度技术规程》（JGJ/T 384—2016）的相关规定，芯样经切割加工、自然干燥后，进行室内无侧限抗压试验，提出芯样抗压强度，测量结果见表 10-52。

表 10-52　基础混凝土构件现龄期混凝土芯样抗压强度结果

芯样编号	取芯位置	直径×高/（mm×mm）	受压面积/mm²	破坏荷载值/kN	抗压强度/MPa	备注
1	基础	75.0×75	4418	152.5	34.5	
2		75.0×75	4418	250	56.6	
3		75.0×75	4418	115	26.0	
4		75.0×75	4418	232.5	52.6	$n=8$ $m=37.1\text{MPa}$
5		75.0×75	4418	117.5	26.6	
6		75.0×75	4418	150	34.0	
7		75.0×75	4418	135	30.6	
8		75.0×75	4418	157.5	35.6	

根据《混凝土结构现场检测技术标准》（GB/T 50784—2013）可知，基础混凝土芯样现龄期强度离散性较大，不满足标准批量评定的要求，应按单个构件混凝土强度评定。

根据《钻芯法检测混凝土强度技术规程》（JGJ/T 384—2016）第 6.3.4 条可知，单个构件的混凝土强度推定值不再进行数据的舍弃，而应按有效芯样试件混凝土抗压强度值中的最小值确定。结合各芯样抗压强度值，储煤库二基础混凝土现龄期抗压强度最小值为 26.0MPa，平均值为 37.1MPa。

（6）现状质量分析评价

由储煤库二现状检查及检测结果可知，某公司储煤库二现状质量一般，钢拱架部分杆件及连接节点处有明显锈蚀，部分杆件有漏焊现象，煤棚现状布置及杆件截面与图纸有一定出入［详见 10.9.5 中 2.（2）节］，其余尚未见有明显缺陷出现。

据调查了解可知，为了满足环境治理的要求，某公司才着手实施煤棚的建造工作，多数煤棚的建造工作由钢结构制作安装施工队伍依据设计单位提供的初步设计图纸完成，施工期间各项监督工作并不完善，施工中遇到的问题也未及时与设计方沟通进行变更，故煤棚的实际质量及安全储备主要由施工水平控制。经现场检测检查发现煤棚实际状况与图纸有一定出入［详见 4.2.（2）节］，需要原设计单位进行核查，必要时出具处理方案，施工单位依据该方案对煤棚进行整改。

（7）结果与建议

检测结果：

①储煤库二部分杆件截面尺寸与原设计要求有一定出入。

②储煤库二杆件涂层厚度不均匀，部分杆件涂层厚度与图纸要求有一定出入。

③储煤库二基础混凝土现龄期抗压强度与原设计要求基本相符。

建议：

①根据核查结果，建议原设计单位进行计算复核。

②柱间未设柱间支撑，柱顶无刚性系杆，建议原设计单位进行复核。

③桁架局部腹杆焊接不完全，有焊瘤，建议对其进行补焊处理。

④檩条未设置檩托与桁架进行连接，建议增设檩托。

⑤桁架表面涂层不均匀，局部锈蚀明显，建议重新涂装处理。

⑥局部桁架下弦杆根部出现弯折现象，建议进行补强处理。

3. 煤棚区

（1）设计资料调查

①结构安全等级为二级；建筑设防烈度为 6 度，基本地震加速度值为 $0.05g$，设计地震分组为第一组。

②基本荷载（kN/m^2）：基本风压（地面粗糙度）为 0.50（B），基本雪压（100 年）为 0.30，屋面活荷载为 0.50。

③材料：除注明外，钢号为 Q235B 的钢材。

未特殊注明的构件混凝土强度等级均为 C30。

钢筋使用 HPB235 及 HRB335 级钢筋。

④柱：一号煤棚两侧边柱⑱轴 6 根，⑬轴 5 根，边柱为 $\phi215 \times 5.0$ 圆管，柱距 6.5m，Ⓚ轴有 4 根抗风柱，Ⓕ轴 3 根抗风柱，抗风柱为 $\phi180 \times 4.0$ 圆管。

二号煤棚两侧边柱⑦轴 6 根，⑪轴 5 根，边柱为 $\phi215 \times 5.0$ 圆管，柱距 6.5m，Ⓚ轴有 3 根抗风柱，Ⓕ轴 3 根抗风柱，抗风柱为 $\phi180 \times 4.0$ 圆管。

⑤桁架梁：一号煤棚共布置 6 榀弧形桁架梁，跨度为 31.4m，桁架梁上弦杆为 $2 \times \phi65 \times 4$ 钢管，下弦杆为 $\phi50 \times 4$ 钢管，腹杆均为 $\phi40 \times 3$，桁架高度为 600mm，拉杆为 $\phi20$ 圆钢。

二号煤棚共布置 6 榀弧形桁架梁。跨度为 25.15m，桁架梁上弦杆为 $2 \times \phi65 \times 4$ 钢管，下弦杆为 $\phi50 \times 4$ 钢管，腹杆均为 $\phi40 \times 3$，桁架高度 600mm，拉杆为 $\phi20$ 圆钢。

⑥屋面采用檩条 + 彩钢板（阳光板）。檩条 LT 采用冷弯薄壁 C 型钢 C140 $\times$ 60 $\times$ 20 $\times$ 2.2。

⑦墙面采用檩条 + 彩钢板（阳光板）。墙面檩条采用方钢 40 $\times$ 60 $\times$ 1.2，ZC 均采用 $\phi20$ 圆钢。

⑧除锈与涂装：

除锈标准：喷除锈时为 Sa2.5 级，人工除锈时为 St3 级。

油漆标准：钢结构底漆、面漆各一道，漆膜总厚度大于或等于 50μm。

防火涂料按甲方要求来执行，暂不考虑。

（2）现场检查

桁架结构布置核查：

①图纸显示，柱：一号煤棚两侧边柱⑱轴 6 根，⑬轴 5 根，边柱为 $\phi215 \times$ 5.0 圆管，柱距 6.5m，Ⓚ轴有 4 根抗风柱，Ⓕ轴 3 根抗风柱，抗风柱为 $\phi180 \times$ 4.0 圆管。

二号煤棚两侧边柱⑦轴 6 根，⑪轴 5 根，边柱为 $\phi215 \times 5.0$ 圆管，柱距 6.5m，Ⓚ轴有 3 根抗风柱，Ⓕ轴 3 根抗风柱，抗风柱为 $\phi180 \times 4.0$ 圆管。

现场检查结果：一号煤棚边柱⑱轴有 3 根柱子无基础，放在钢支托上；⑬轴有 3 根柱子放在桁架上，桁架锚固在仓壁上。Ⓚ轴有 1 根抗风柱，Ⓕ轴有 2 根抗风柱，抗风柱节点锚板 8mm，设计锚板厚度 20mm，有的螺栓和锚板未接触，有的钢筋和锚板未完全塞焊，与图纸严重不符。

二号煤棚边柱⑪轴有 3 根柱子放在桁架上桁架锚固在仓壁上。Ⓚ轴有 1 根抗风柱，Ⓕ轴有 1 根抗风柱，抗风柱节点锚板 8mm，设计锚板厚度 20mm，与图纸严重不符。

②图纸显示，桁架梁：一号煤棚共布置 6 榀弧形桁架梁。跨度为 31.4m，桁架梁上弦杆为 $2 \times \phi65 \times 4$ 钢管，下弦杆为 $\phi50 \times 4$ 钢管，腹杆均为 $\phi40 \times 3$，桁架高度 600mm，拉杆为 $\phi20$ 圆钢。现场实测值与图纸不符，现场测量可知，桁架上弦杆为 $\phi48 \times 2.0$，下弦杆为 $\phi75 \times 3.0$，上弦宽 500mm、高 800mm。

二号煤棚共布置 6 榀弧形桁架梁。跨度为 25.15m，桁架梁上弦杆为 $2 \times \phi65 \times 4$ 钢管，下弦杆为 $\phi50 \times 4$ 钢管，腹杆均为 $\phi40 \times 3$，桁架高度 600mm，拉杆为 $\phi20$ 圆钢。现场实测值与图纸不符，现场测量可知，桁架上弦杆为 $\phi48 \times 2.0$，下弦杆 $\phi75 \times 3.0$，上弦宽 500mm、高 800mm。

③图纸显示，屋面采用檩条＋彩钢板（阳光板），檩条 LT 采用冷弯薄壁 C 型钢 C140×60×20×2.2。现场检查发现：檩条采用 C 型钢 C130×50×20×3.0。

④图纸显示，墙面采用檩条＋彩钢板（阳光板），墙面檩条采用方钢 40×60×1.2，ZC 均采用 φ20 圆钢。现场检查发现：檩条采用 C 型钢 C130×50×20×3.0。

⑤托换桁架与筒仓采用角钢＋膨胀螺栓进行连接，锈蚀明显，连接不合理。

桁架结构普查：

①杆件表观：整体表观一般，部分杆件有锈蚀迹象，但无裂纹、折叠、夹层等；经打磨后可见明显分层。焊缝表观一般，多见焊瘤，具体缺陷如图 10-68 和图 10-69 所示。

图 10-68　节点焊瘤现象（1）　　　　图 10-69　节点焊瘤现象（2）

②涂层表观：整体表面较差，覆盖不均匀；部分存在涂层皱皮、流坠、针眼等现象。

③东侧煤棚部分钢柱根部支撑于钢制小支墩上，未做基础，具体缺陷如图 10-70 和图 10-71 所示。

图 10-70　钢柱支撑于钢制小支墩上（1）　　图 10-71　钢柱支撑于钢制小支墩上（2）

④东侧及西侧煤棚靠近筒仓侧，钢拱架支撑于托换桁架上，托换桁架与筒仓采用膨胀螺栓固定，斜撑杆件与筒仓间缝隙明显且锈蚀明显，具体缺陷如图 10-72 和图 10-73 所示。

图 10-72　构件锈蚀现象

图 10-73　螺栓固定

⑤部分钢柱支座底板螺栓有缺失，具体缺陷如图 10-74 所示。

图 10-74　螺栓缺失现象

⑥东侧煤棚个别桁架上弦杆出现弯折的现象，具体缺陷如图 10-75 所示。

图 10-75　桁架弯折现象

⑦西侧煤棚桁架斜腹杆与下弦杆连接节点有采用钢筋电焊的状况，具体缺陷如图 10-76 所示。

图 10-76　节点采用钢筋电焊现象

（3）桁架杆件壁厚测量

依据《钢结构现场检测技术标准》（GB/T 50621—2010），在清除表面油气层、氧化皮、锈蚀等，并打磨至露出金属光泽后，采用游标卡尺及超声测厚仪对杆件进行检测，检测结果见表 10-53 和表 10-54。

表 10-53　西侧煤棚桁架杆件钢材厚度测量结果　　　　　　　　（mm）

截面尺寸	测试位置	测试值			厚度代表值
$\phi48$ （$\phi65\times4$）	上弦杆	2.22	2.27	2.22	2.24
		2.47	2.25	2.32	2.35
		2.37	2.35	2.48	2.40
$\phi50$ （$\phi50\times4$）	下弦杆	2.96	3.00	2.98	2.98
		3.03	2.94	2.96	2.98
		2.94	2.96	2.89	2.93
$\phi33$ （$\phi40\times3$）	腹杆	1.98	2.11	2.04	2.04
		2.07	2.09	2.02	2.06
		2.05	2.06	2.08	2.06
$\phi215$ （$\phi215\times5$）	钢柱	4.76	4.76	4.74	4.75
		4.71	4.72	4.73	4.72
		4.78	4.74	4.72	4.75

注：表中 $\phi48$ 为实测值，括号中数值为设计尺寸，其余类似。

由表 10-53 可知，西侧煤棚钢拱架上弦杆、下弦杆及腹杆实测直径及壁厚与图纸不相符。

表 10-54　东侧煤棚桁架杆件钢材厚度测量结果　　　　　（mm）

截面尺寸	测试位置	测试值			厚度代表值
φ48 （φ65×4）	上弦杆	2.26	2.26	2.31	2.28
		2.34	2.30	2.30	2.31
		2.28	2.50	2.48	2.42
φ50 （φ50×4）	下弦杆	2.92	3.10	3.20	3.07
		2.99	2.95	2.95	2.96
		3.06	2.91	2.98	2.98
φ33 （φ40×3）	腹杆	2.08	2.04	2.11	2.08
		1.98	2.15	2.08	2.07
		2.10	2.03	2.04	2.06
φ215 （φ215×5）	钢柱	4.75	4.71	4.70	4.72
		4.70	4.75	4.73	4.73
		4.72	4.70	4.75	4.72

注：表中 φ48 为实测值，括号中数值为设计尺寸，其余类似。

由表 10-54 可知，东侧煤棚钢拱架上弦杆、下弦杆及腹杆实测直径及壁厚与图纸不相符。

（4）钢结构构件涂层厚度测量

依据《钢结构现场检测技术标准》（GB/T 50621—2010），对原煤棚钢构件涂层干漆膜总厚度进行检测，每个构件检测 5 处，测量结果见表 10-55 和表 10-56。

表 10-55　西侧煤棚钢材涂层厚度测量结果

直径/mm	测试位置	测点涂层厚度平均值/μm				
空间结构杆件 φ48	上弦杆	152	144	131	49	218
		118	85	94	101	85
		70	87	156	142	112
空间结构杆件 φ50	下弦杆	185	115	105	200	125
		180	138	172	85	144
		354	152	162	125	200
空间结构杆件 φ33	腹杆	124	106	18	128	125
		75	105	110	170	170
		82	3	63	0	43
φ215	钢柱	1	1	4	4	25
		39	23	26	30	26
		36	50	25	26	32

表 10-56　东侧煤棚钢材涂层厚度测量结果

直径/mm	测试位置	测点涂层厚度平均值/μm				
空间结构杆件 φ48	上弦杆	274	129	22	3	218
		59	155	21	31	25
		62	50	21	0	31
空间结构杆件 φ50	下弦杆	22	38	2	39	68
		14	21	20	21	35
		31	21	0	21	22
空间结构杆件 φ33	腹杆	122	3	21	0	1
		1	197	22	23	45
		44	32	35	36	41
φ215	钢柱	45	60	32	33	31
		35	39	40	41	32
		28	30	31	30	25

由表 10-55 可知，西侧煤棚钢拱架现状涂层厚度不均匀，部分杆件涂层厚度不满足原设计要求。

由表 10-56 可知，东侧煤棚钢拱架现状涂层厚度不均匀，部分杆件涂层厚度不满足原设计要求。

（5）基础混凝土现龄期抗压强度检测

取样原则：结合本工程实际情况，根据《建筑结构检测技术标准》（GB/T 50344—2004）和《混凝土结构现场检测技术标准》（GB/T 50784—2013）确定本次抽检芯样数量及规格，最终确定芯样规格为直径75mm。

根据《钻芯法检测混凝土强度技术规程》（JGJ/T 384—2016）的相关规定，芯样经切割加工、自然干燥后，进行室内无侧限抗压试验，提出芯样抗压强度，测量结果见表 10-57。

表 10-57　基础混凝土构件现龄期混凝土芯样抗压强度结果

芯样编号	取芯位置	直径×高/ (mm×mm)	受压面积/mm²	破坏荷载值/kN	抗压强度/MPa	备注
1	东侧煤棚基础	75.0×75	4418	132.5	30.0	n=8 m=31.2MPa
2		75.0×75	4418	115	26.0	
3		75.0×75	4418	140	31.7	
4		75.0×75	4418	112.5	25.5	
5		75.0×75	4418	120	27.2	
6		75.0×75	4418	135	30.6	
7		75.0×75	4418	182.5	41.3	
8		75.0×75	4418	165	37.3	

芯样编号	取芯位置	直径×高/（mm×mm）	受压面积/mm²	破坏荷载值/kN	抗压强度/MPa	备注
9		75.0×75	4418	127.5	28.9	
10		75.0×75	4418	155	35.1	
11		75.0×75	4418	205	46.4	
12	西侧煤棚基础	75.0×75	4418	202.5	45.8	$n=8$ $m=36.5\text{MPa}$
13		75.0×75	4418	112.5	25.5	
14		75.0×75	4418	210	47.5	
15		75.0×75	4418	135.5	30.7	
16		75.0×75	4418	142.5	32.3	

根据《混凝土结构现场检测技术标准》（GB/T 50784—2013）可知，基础混凝土芯样现龄期强度离散性较大，不满足标准批量评定的要求，应按单个构件混凝土强度评定。

根据《钻芯法检测混凝土强度技术规程》（JGJ/T 384—2016）第 6.3.4 条可知，单个构件的混凝土强度推定值不再进行数据的舍弃，而应按芯样试件混凝土抗压强度值中的最小值确定。结合各芯样抗压强度值，东侧煤棚基础混凝土现龄期抗压强度最小值为 26.0MPa，平均值为 31.2MPa；西侧煤棚基础混凝土现龄期抗压强度最小值为 25.5MPa，平均值为 36.5MPa。

（6）现状质量分析评价

由煤棚区现状检查及检测结果可知，某公司煤棚区现状质量一般，部分杆件有锈蚀迹象，煤棚现状布置及杆件截面与图纸有一定出入［详见 10.9.5 中 3.（2）节］，其余尚未见有明显缺陷出现。

据调查了解可知，为了满足环境治理的要求，某公司才着手实施煤棚的建造工作，多数煤棚的建造工作由钢结构制作安装施工队伍依据设计单位提供的初步设计图纸完成，施工期间各项监督工作并不完善，材料复检报告等施工资料多已缺失，施工中遇到的问题也未及时与设计方沟通进行变更，故煤棚的实际质量及安全储备主要由施工方予以把控。经现场检测检查发现煤棚实际状况与图纸有一定出入［详见 4.3（2）节］，需要原设计单位进行核查，必要时出具处理方案，施工单位依据该方案对煤棚进行整改。

（7）结果与建议

检测结果：

①煤棚区部分杆件截面尺寸与原设计要求有一定出入。

②煤棚区杆件涂层厚度不均匀，部分杆件涂层厚度与图纸要求有一定出入。

③煤棚区基础混凝土现龄期抗压强度与原设计要求基本相符。

建议：

①根据核查结果，建议原设计单位进行计算复核。

②托换桁架与筒仓采用角钢＋膨胀螺栓进行连接，锈蚀明显，连接不合理，建议原设计单位对其进行专项处理。

③建议对部分漏涂构件进行涂装处理。

④建议对钢拱架及门式钢架做定期养护及维修。

参考文献

[1] 陈绍蕃，顾强. 钢结构[M]. 北京：中国建筑工业出版社，2003.

[2] 黄呈伟，郝进锋，李海旺. 钢结构设计[M]. 北京：科学出版社，2005.

[3] 韩继云，李奇，孙斌. 既有钢结构安全性检测评定技术及工程应用[M]. 北京：中国建筑工业出版社，2014.

[4] 孙邦丽. 钢结构工程常见质量问题及处理200例[M]. 天津：天津大学出版社，2010.

[5] 中华人民共和国国家标准. 高耸与复杂钢结构检测与鉴定标准：GB 51008—2016[S]. 北京：中国计划出版社，2016.

[6] 中华人民共和国国家标准. 建筑结构检测技术标准：GB/T 50344—2014[S]. 北京：中国建筑工业出版社，2004.

[7] 中华人民共和国国家标准. 钢结构现场检测技术标准：GB/T 50621—2010[S]. 北京：中国建筑工业出版社，2011.

[8] 中华人民共和国国家标准. 钢结构工程施工质量验收规范：GB 50205—2001[S]. 北京：中国计划出版社，2002.

[9] 中国工程建设标准化协会标准. 火灾后工程结构鉴定标准：T/CECS 252—2019[S]. 北京：中国计划出版社，2020.

[10] 中华人民共和国国家标准. 民用建筑可靠性鉴定标准：GB 50292—2015[S]. 北京：中国建筑工业出版社，2016.

[11] 中华人民共和国国家标准. 工业建筑可靠性鉴定标准：GB 50144—2008[S]. 北京：中国计划出版社，2009.

[12] 中华人民共和国国家标准. 工程结构可靠性设计统一标准：GB 50153—2008[S]. 北京：中国计划出版社，2009.

[13] 中华人民共和国国家标准. 紧固件机械性能　螺栓、螺钉和螺柱：GB/T 3098.1—2010[S]. 北京：中国标准出版社，2011.

[14] 中华人民共和国国家标准. 建筑抗震设计规范：GB 50011—2010[S]. 北京：中国建筑工业出版社，2010.

[15] 中华人民共和国国家标准. 建筑结构荷载规范：GB 50009—2012[S]. 北京：中国建筑工业出版社，2012.

[16] 中华人民共和国国家标准. 钢结构设计标准：GB 50017—2017[S]. 北京：中国建筑工业出版社，2017.

[17] 中华人民共和国国家标准. 钢结构设计规范：GB 50017—2003[S]. 北京：中国建筑工业

出版社，2004.

[18]中华人民共和国国家标准.建筑抗震鉴定标准：GB 50023—2009［S］.北京：中国建筑工业出版社，2009.

[19]中华人民共和国国家标准.建筑地基基础设计规范：GB 50007—2011［S］.北京：中国计划出版社，2012.

[20]中华人民共和国国家标准.建筑工程施工质量验收统一标准：GB/T 50300—2013［S］.北京：中国建筑工业出版社，2014.

[21]中华人民共和国国家标准.建筑工程抗震设防分类标准：GB 50223—2008［S］.北京：中国建筑工业出版社，2008.

[22]中国工程建设标准化协会标准.建筑钢结构防火技术规范：CECS 200—2006［S］.北京：中国计划出版社，2006.

[23]上海市工程建设规范.既有建筑物结构检测与评定标准：DG/T J08-804—2005［S］.上海：同济大学，2005.

[24]宋晓峰，李海旺，尹刚，等.某钢结构厂房结构可靠性鉴定［C］.绿色建筑与钢结构技术论坛暨中国钢结构协会钢结构质量安全检测鉴定专业委员会第五届全国学术研讨会论文集，2017.

[25]庞文忠，李海旺.某钢厂炼钢废钢跨工程检测鉴定［C］.绿色建筑与钢结构技术论坛暨中国钢结构协会钢结构质量安全检测鉴定专业委员会第五届全国学术研讨会论文集，2017.

[26]张茂国，段坤朋，徐晗，等.我国钢结构住宅产业化研发现状和发展趋势［J］.城市住宅，2016：11.

[27]闫延乾.中国钢结构行业现状和发展趋势［J］.经济·管理·综述，2018（10）.

[28]李海旺，庞文忠.某公司车间承载力评定与加固［C］.庆祝刘锡良教授八十华诞暨第八届全国现代结构工程学术研讨会，2008：7.

[29]庞文忠，张英义.某办公楼损伤原因检测鉴定［J］.工业建筑，2015（8）.